KB250687

건강한
로푸드
디저트

건강한
로푸드
디저트

펴낸날 초판 1쇄 2018년 6월 27일

지은이 김연주

펴낸이 강진수
편집팀 김은숙, 최시원
디자인 강현미

인쇄 (주)우진코니티

펴낸곳 (주)북스고 | **출판등록** 제2017-000136호 2017년 11월 23일
주소 서울시 중구 퇴계로 253(충무로 5가) 삼오빌딩 705호
전화 (02) 6403-0042 | **팩스** (02) 6499-1053

ⓒ 김연주 2018

- 이 책은 저작권법에 따라 보호를 받는 저작물이므로 무단 전재와 무단 복제를 금지하며,
  이 책 내용의 전부 또는 일부를 이용하려면 반드시 저작권자와 (주)북스고의 서면 동의를 받아야 합니다.
- 책값은 뒤표지에 있습니다. 잘못된 책은 바꾸어 드립니다.

ISBN 979-11-962927-5-1 13590

이 도서의 국립중앙도서관 출판예정도서목록(CIP)은 서지정보유통지원시스템 홈페이지(http://seoji.nl.go.kr)와
국가자료공동목록시스템(http://www.nl.go.kr/kolisnet)에서 이용하실 수 있습니다.(CIP제어번호: CIP2018018508)

책 출간을 원하시는 분은 이메일 booksgo@booksgo.co.kr로 간단한 개요와 취지, 연락처 등을 보내주세요.
Booksgo는 건강하고 행복한 삶을 위한 가치 있는 콘텐츠를 만듭니다.

RAW FOOD

건강한
로푸드
디저트

김연주 지음

Raw Food

Booksgo

☘ PROLOGUE

로푸드와 영화 같은 사랑에 빠지고, 로푸드 요리 클래스, 아동 요리, 기업 출강, 자격증 발급, 관련 직업군 창출 등 활동 영역을 넓히면서 갖게 된 저의 경험을 바탕으로, 온라인과 오프라인의 다양한 분야에서 활동하며 로푸드를 사랑하는 분들과의 소통으로 느끼고 배운 내용을 책에 담아 더욱 많은 분들과 함께하고 싶습니다.

로푸드라고 하면 샐러드 녹즙을 떠올리기 쉬워 그런 편견을 깨뜨리기 위해, 좀 더 많은 분들이 로푸드를 편하게 받아들이실 수 있도록 사랑스러운 비주얼로 눈길을 끌 수 있는 로푸드 메뉴들로 선정하여 구성하였습니다.

언뜻 보면 생소한 요리 방법, 생소한 재료 등을 사용하기에 덜컥 겁이 날 수도 있지만, 조금만 마음을 열고 다가가면 간단하고 쉽게 따라할 수 있는 요리 방법과 전 세계 재료를 쉽게 구할 수 있는 현대사회의 편리함에 반하여 이미 로푸드에 빠져 있을 것입니다.

순간의 달콤함부터 하루의 든든함까지 모두 로푸드와 함께해 보세요.

책을 보시다가 궁금하신 점이 있으시거나, 조언, 상담 등을 원하시는 분들은 언제나 부담 없이 연락주세요.

카카오 fallinraw
인스타그램 fallinraw
블로그 fallinraw.com

special thanks to Hweekwon Lee ♥

fallinraw 김연주

5

CONTENTS

프롤로그 5

왜 로푸드인가 10

로푸드란 무엇인가 14

01

CAKE &
BREAD

애플파이 22

카프레제 허브 타르트 24

앤틱 사과꽃 타르트 26

초콜릿 실크 파이 28

페어 프랄린 파이 30

라임 파이 32

스트로베리 루바브 크림 파이 34

시나몬 크림 컵케이크 36

가나슈 컵케이크 38

헤즐넛 페어 컵케이크 40

레드벨벳 컵케이크 42

솔티드 캐러멜 컵케이크 44

블루베리 가나슈 치즈 케이크 46

체리 치즈 케이크 48

솔티드 캐러멜 발효 치즈 케이크 50

펌킨 스파이스 당근 케이크 52

로즈마리 코스탈 브레드 54

썬데이 모닝 브레드 56

캐러웨이 사우어 크라우트 브레드 58

당근 브레드 60

코코넛 크림 비스코티 62

썬드라이 토마토 바질 브레드 스틱 64

02

SAVORY TREATS

무화과 카다몬 브라우니 68

코코넛 차이 브라우니 70

코코넛 민트 브라우니 72

벗꽃 엔딩 브라우니 74

에스프레소 민트 카카오 브라우니 76

진저 브레드맨 쿠키 78

블루베리 마카다미아 쿠키 80

초콜릿 피칸 쿠키 82

프로스팅 진저 브레드 쿠키 84

아몬드 버터 쿠키 86

촉촉 쫄깃 오트밀 쿠키 88

블랙 퍼스트 쿠키 90

살구 코코넛 크래커 91

망고 코코넛 크래커 92

무화과 쿠키 94

사우어 크림 브로콜리 니블 96

치폴레 브로콜리 니블 98

브뤼셀 팝콘 100

99% 슈퍼 카카오 초콜릿 102

슈퍼 말차 초콜릿 104

민트 코코넛 초콜릿 106

아몬드 화이트 바크 초콜릿 108

팟타이 케일 칩 110

초콜릿 케일 칩 112

페퍼콘 케일 칩 114

퀘소 멕시칸 케일 칩 116

식초와 딜 케일 칩 118

치즈 케일 칩 119

코코넛 아니스 바 120

장거리 여행 믹스 바 122

진저 피치 그래놀라 바 124

코코넛 마카룬 126

초콜릿 커버 레몬 밤 128

민트 초콜릿 트러플 130

진저 브레드와 개암 트러플 132

생강 그리고 계피 볼 134

라임과 코코넛을 품은 캐슈볼 135

츄잉 시나몬 도넛 홀 136

칠리 콘칩 138

훈제 파프리카 아보카도 프라이 140

썬데이 모닝 초콜릿 도넛 142

더블 초콜릿 케이크 도넛 144

레드벨벳 도넛 146

초콜릿 아몬드 엠파나다 148

펌킨 스파이스 시나몬 롤 150

단호박 아이스크림 케이크 152

타히니 캐러멜 아이스크림 154

스트로베리 발사믹 발효 아이스크림 156

블랙베리 아이스크림 158

오렌지 아이스롤리 159

블루베리 라벤더 발효 팝 160

말린 과일 162

따뜻한 토마토 164

바나나 망고 레더 165

바닐라 체리 레더 166

바나나 피치 레더 167

바나나 스트로베리 코코넛 레더 168

썬드라이 토마토 169

레인보우 파프리카 랩 170

03
BREAK FAST

츄잉 피치 시리얼 174

오렌지 시나몬 그래놀라 176

시리얼 배와 계피 178

무화과와 배 그래놀라 180

아몬드 바나나 넛 클러스터 182

피스타치오 진저 뮤즐리 184

하비스트 뮤즐리 186

오렌지 무화과 뮤즐리 188

카카오 메밀 시리얼 190

코코넛 푸딩 191

망고 실란트로 수프 192

그릭 노거트 193

샤프란 카다몬 요거트 194

04
BEVERAGES

영 코코넛 워터 198

라임 쿨러 199

썸머 로맨스 스프리처 200

아몬드 밀크 201

사차인치 밀크 202

아미씨 아몬드 밀크 203

코코넛 밀크 204

심플 코코넛 밀크 205

스윗 피칸 밀크 206

타이거 넛츠 밀크 207

05

CONDIMENTS & DECORATING

아몬드 파마산 210

퀵 리코타 스프레드 211

썬드라이 토마토 치즈 스프레드 212

껍질이 살아 있는 브리 치즈 214

로즈마리 크랜베리 크림 치즈 216

캐러웨이 딜 치즈 218

바닐라 코코넛 휘핑크림 220

아몬드 버터 222

마스카포네 치즈 224

사과꽃 225

초콜릿 가나슈 프로스팅 226

핑크 프로스팅 227

펌킨 진저 프로스팅 228

켈프 페이스트 230

반건시 반죽 231

마리네이드 스트로베리 루바브 232

에스프레소 버터크림 프로스팅 234

벨벳 허니 프로스팅 235

캐러멜 프로스팅 236

로타허니 237

청키 토마토 살사 238

치폴레 라임 소스 240

펌킨 퓨레 241

스트로베리 데이트 잼 242

블루베리 민트 치아 잼 243

화이트 프로스팅 244

썸머 체리 치아 잼 245

캐러웨이 사우어 크라우트 246

애플 시나몬 사우어 크라우트 248

오버나잇 피클 250

발사믹 무화과 피클 252

왜
로푸드인가

음식이 아니다, 라이프 스타일이다.

예상치 못한 순간에 로푸드를 만나면서 나도 모르는 사이에 서서히 로푸드와 사랑에 빠져 예상치 못한 많은 일이 일어났다.

'예전엔 어떻게 그렇게 살았을까?'
외식을 하는 일이 예전에 비해 많이 줄었지만, 가끔 지인들을 만나거나 동호회 모임 등에 나가면 예전에 내가 이렇게 먹었다니 하는 사실에 놀라고, 이런 생각을 하고 있는 내 모습에 놀란다.

10년 전 또는 20년 전이 아닌 불과 몇 년 전 나의 모습은 지금보다 15kg이상 더나가는 몸무게를 자랑하고 얼굴빛은 항상 어둡고 칙칙하였으며, 여드름 자국을 얼굴에 달고 살았다. 하지만 변한 건 외모만이 아니다. 먹는 것, 입는 것, 좋아하는 것 그리고 가치관 즉 라이프 스타일이 완전히 달라져 버린 것이다.

내 자신에 항상 자신이 없었던 나는 남들과 비교하기 일쑤였고, 나의 모든 기준은 남들 눈에 맞춰져 있었다. 인생의 주인공은 나 자신인데 왜 남들을 위한 인생을 살고 그러면서도 행복하지 않았던 것일까?

2008년, 재미없고 따분한 생활에서 벗어나고자 쫓기듯 떠났던 어학연수에서 정보 없이 떠난 곳이 미국 오리건 주였고 그곳에서 로푸드에 대해 알게 되었다. 문화적으로 채식의 문화가 우리나라보다 많이 발전한 미국이 무척이나 낯설었는데 로푸드라는 요리는 낯설다기 보다는 신기함으로 다가 왔다.

마침 오리건 주는 로푸드의 성지라고 불릴 만큼 로푸드에 대한 정보를 쉽게 찾을 수 있다. 채식 문화가 많이 발전한 미국 역시 로푸드는 대중적인 문화가 아니었지만, 내가 살았던 작은 동네에서도 로푸드 클래스는 빈번하게 열리고 있었다. 친환경, 건강 등을 컨셉으로 내세우는 마트나 카페에서는 효소 처리된 견과류, 씨앗 그리고 간단한 로푸드 스낵을 만날 수 있었다.

먹으면 바로 만족감과 포만감이 오는 육식 위주의 식단과 자극적인 인스턴트 마니아였던 내가 그 당시 느꼈던 감정은 '와 정말 좋은 음식이다', '건강에 정말 좋겠다' 이런 생각보다는 그저 신기했다. 로푸드에 다가가고 먹어보려고 하기 보다는 그저 신기한 구경거리, 문화 체험일 뿐이었다. 오히려 그런 음식을 만들고 먹는 사람들은 일반 사람보다 특별하고 다른 세상에 사는 사람들이라 생각하고, 그저 '미국에는 여러 인종이 사는 만큼 다양한 사람이 사는구나' 이 정도의 생각만 하는 평범한 한국인 유학생이었다.

하지만, 그 순간부터 나도 모르게 로푸드에 서서히 다가가고 있었고 지금까지의 그 모든 과정이 운명적인 사랑에 빠지는 과정이있다. 내가 로푸드를 찾은 것이 아니라, 로푸드가 나를 부른 것이리라.

잠깐 동안의 미국 생활 중 접했던 로푸드는 물론 신선한 경험이었지만 한국으로 돌아온 뒤 평범한 직장생활을 하면서 여전히 칼로리 높고 자극적인 음식을 달고 살고, 컨디션이 안 좋거나 힘든 일이 있을 때면 더 몸에 부담이 되는 음식으로 스스로를 위로하고는 했다. 지금 생각해보면 혀에 닿는 즐거움이 커야만 하고 '그것이다'라고 생각했던 것이다.

하지만 젊음의 힘과 열정으로 버티던 20대 중반에 내 몸에는 이상이 오기 시작했다. 그때부터 음식에 대해 다른 각도로 쳐다보게 되었다. 습관적으로 먹던 야식, 과도한 음주, 폭식, 그에 따른 후회 그리고 따라오는 부정적인 가치관, 총체적 난국이었던 나에게 20대 중반에 빨리 찾아온 병은 오히려 기회고 희망이었다. 그때 나의 마음속에 문득 스친 것이 '로푸드'였다.

그저 살기 위해 음식 조심을 하려고 시작했지만 모든 것에는 시행착오가 필요했다. 처음에는 '로푸드만 먹고 살겠다', '특별한 사람이 되어버리겠다' 등의 미련한 생각도 했지만, 간단하게 그린 스무디를 직접 갈아먹고 그마저도 시간이 안 되면 시판 생식 가루나 녹즙을 먹어보고, 그러다 한번쯤 무너져 밤에 폭식을 하고 다시 로푸드에 빠지고 그런 과정을 거치면서 로푸드는 나에게 그저 음식이 아닌 라이프 스타일, 그 자체였다.

단순히 재미로만 배웠던 요리나 단기간의 효과를 위한 다이어트 음식과는 달리 로푸드는 알아 갈수록 더 빠져들게 되었고 알 수 없는 확신을 주며 삶을 바꿔 버렸다. 모든 일에 지루함, 따분함의 연속이었고 겨우겨우 따라가던 내가, 로푸드를 먼저 알아보고 궁금해 할수록 신기하고 재미를 느끼고 있었다.

부정적이고 소극적이고 소화불량과 만성피로에 시달리던 내가 과도하게 가공되거나 맵고 짠 자극적인 음식에서 서서히 멀어지고 자연에서 온 원재료 자체의 맛을 느끼게 되면서 몸이 가벼워지고 피부의 트러블도 없어졌다. 그저 둔하기만 했던 내 몸은 외부 효과에 예민해 지기 시작하고, 내 몸이 하는 소리를 잘 느낄 수 있다 보니 나에 대해 가장 많은 생각을 하는 사람이 내가 되고, 내 자신을 사랑하게 되면서 내 인생의 주인공은 바로 내가 되었던 것이다.

또한 단순히 음식뿐만 아니라 성격, 관심사, 가치관 등 모든 것이 서서히 그리고 아주 자연스럽게 바뀌었다.

	로푸드 이전의 나	로푸드 이후의 나
신체사이즈	150cm 후반 / 60kg 중반	150cm 후반 / 40kg대 후반
피부	칙칙한 트러블 피부	가끔 트러블 올라옴 피부 결이 좋아지고 얼굴빛이 밝아짐
성향	부정적, 소극적	긍정적, 적극적
식습관	육식, 인스턴트 맵고 짠 자극적인 음식 외식, 야식 중독	채식, 로푸드, 가벼운 음식 위주
좋은 음식	SNS 업로드용으로 좋은 레스토랑의 비주얼 좋은 음식	가공, 첨가물 없는 자연 그대로의 부담 없는 음식
좋은 음료	커피, 청량 음료	물, 그린 쥬스, 허브차
주량	끝을 볼 때까지	즐겁게 조절할 만큼만
운동	숨쉬기 운동, 안구 운동	요가, 등산
좋은 것	명품백 고급차 남들에게 보이는 것	매일 먹는 음식 친환경 생활용품(그릇, 세제 등) 나에게 좋은 것
나에게 주는 상	고칼로리 음식, 음주	봉사, 기부, 명상

라이프 스타일이 바뀌고 음식이 바뀌고 새로운 일을 하게 되면서 살은 어떻게 뺐냐, 고기 먹고 싶지 않냐, 왜 그렇게 특이하게 사냐 등의 질문을 가는 곳마다 수없이 받고 있다. 바뀐 내 모습에 스스로가 가장 놀랍고 신기하지만 돌이켜 생각해보면 특별한 것이 없었다. 그냥 내 몸이 원하고 좋아하는 곳으로 자연스럽게 따라간 것이다. 특별히 돈이 많이 들어간 것도 없고, 목표를 위해 달려간 적도 없다.

로푸드는 특별한 음식이 아니다. 특정 영양소가 다량 함유된 건강식품이나 일시적으로 먹는 다이어트 식품이 아니고 누구나 먹으면 드라마틱한 효과를 내는 만병통치약은 더욱 아니다. 과도한 가공이나 자극적인 첨가물 없이 가장 자연스럽게 먹을 수 있고 부담 없는 음식이다.
자신을 사랑하는 방법을 찾게 되면 다른 사람들도 사랑할 수 있고 과거의 나보다 더 행복한 내가 되어 있을 것이다.

로푸드란
무엇인가

로푸드란

효소는 우리 인체에서 생활에 필요한 에너지를 내고 모든 기능을 촉진시키는 역할을 한다. 가공이 된 음식을 과도하게 섭취하다 보면 그 음식을 소화시키기 위해 우리 몸의 에너지 즉 효소를 다량 사용하게 되고, 그 과정에서 노화가 진행될 뿐 아니라 각종 질병에 노출된다. **로푸드(Raw Food)는 불을 쓰지 않는 100% 채식 요리**를 말하며, 로푸드는 생채식 재료의 효소를 그대로 섭취하는 방식으로 우리 몸의 에너지를 보충하고 활력을 채워준다.

로푸드의 기본 수칙

• 제철 재료 사용

제철 재료는 가격이 저렴하고 맛도 좋을 뿐 아니라 재료가 가진 에너지를 최대로 섭취할 수 있다. 가능한 수확기의 재료를 사용한다.

• 친환경 재료 사용

로푸드는 자연 그대로의 재료를 가공하지 않고 영양소를 그대로 섭취하는 만큼 재료의 선택이 중요하다. 농약 및 화학 비료에 노출되지 않은 친환경 재료는 영양이 풍부할 뿐 아니라 맛이 좋다. 최대한 우리 몸에 좋은 재료를 사용한다.

- 재료를 항상 넉넉히 준비

재료가 넉넉하게 준비되어 있지 않으면 각종 가공 음식의 유혹에 빠지기 쉽다. 음식의 유혹에 흔들리지 않도록 항상 넉넉한 양을 준비한다.

로푸드의 재료

- 과일

가장 기본적인 재료로 그냥 먹어도 맛있지만 다른 재료의 쌉쌀함에 달콤함을 더한다.

예) 사과, 바나나, 귤 등

- 채소

과일과 함께 기본이 되는 재료로 맛과 향이 풍부하여 다양한 역할을 한다.

예) 케일, 시금치, 셀러리 등

- 견과류, 씨앗류 및 통곡물

일반적인 베이킹에서 밀가루처럼 재료를 채워주는 역할을 한다. 종류에 따라 다른 식감과 맛을 낸다.

예) 호두, 해바라기씨, 메밀 등

- 건과류

단맛을 냄과 동시에 베이킹에서 달걀처럼 재료들이 서로 잘 붙게 해주는 역할을 한다. 이때 색이 예쁜 상품보다는 당절임 없는 무유황처리(unsulfered)된 거뭇거뭇한 못난이 상품을 사용하는 것이 좋다.

예) 반건시, 건포도, 건크랜베리 등

- 오일

재료의 풍미를 살리고 윤기를 더해준다. 신선함을 느낄 수 있는 냉압착(raw, cold-pressed) 제품을 사용한다.

예) raw 코코넛 오일, raw 아마씨 오일 등

• 가루

보관이 편하고 생재료의 약한 맛을 보완하여 맛을 살린다. 로스팅 제품이 아닌
생(raw) 가루 제품을 사용한다.

예) raw 카카오 가루, raw 코코넛 가루 등

• 천연당

자연에서 온 다양한 맛의 달콤함을 로푸드에 더한다. 본 책에서는 raw 아가베 시
럽을 주로 사용한다.

예) raw 아가베 시럽, raw 코코넛 설탕 등

로푸드 요리 도구

• 푸드 프로세서

재료를 작게 다지는 역할과 뭉치는 역할을 한다. 견과류, 씨앗 등 딱딱한 재료를 다지거나, 다진 재료를 뭉칠 수 있다.

• 고속 블렌더

강력한 모터가 재료의 영양소 손실을 최소화 하며 곱게 가는 역할을 한다.

• 식품 건조기

로푸드 재료의 효소를 파괴하지 않는 선에서 수분을 건조시키는 역할을 한다. 로푸드의 모든 메뉴는 효소를 파괴하지 않는 온도인 **45도** 이하로 건조한다. 건조 시간은 계절, 습도 등에 따라 달라지므로 레시피를 참조하여 원하는 식감이 나올 수 있도록 조절한다.

• 테프론 시트

수분기가 있는 재료를 식품 건조기에 건조
시킬 때 식품 건조기 트레이 밑으로 재료가
흘러내리지 않게 막아 주는 역할을 한다.

• 계량 도구(계량스푼, 계량컵 등)

재료의 양을 측정하기 위한 도구로 계량스푼과 계량컵을 사용한다. 로푸드는 불
을 사용하여 가공하는 요리가 아니기 때문에 계량이 크게 중요하지는 않다.

• 로푸드 계량하기

자연 그대로의 재료를 가공 없이 요리하는 로푸드에서는 계량이 크게 중요하지
않다. 재료가 가공되지 않기 때문에 재료의 양이 조금씩 달라진다고 하여 크게
맛이 달라지지 않는다. 레시피에 표기된 계량을 참조하여 입맛에 맞게 조금씩
조절하면서 요리하기 바란다.

- 1C : 200ml 계량컵
- 1T : 15g 계량스푼
- 1t : 5g 계량스푼

효소 저지 물질

씨앗, 견과류, 콩 등은 조기 발아를 막고, 식물 성장에 필요한 영양소 저장을 하기 위한 효소 저지 물질을 가지고 있다. 효소 저지 물질을 중화하지 않고 그대로 섭취할 경우 효소 섭취가 되지 않아 오히려 이물질을 소화하느라 우리 몸의 효소를 과다하게 사용하게 된다.

물에 불리고 발아시키는 방법으로 효소 저지 물질을 제거하고 재료의 활성화된 효소를 섭취할 수 있다.

• 견과류 밑 준비하기 예) 호두

① 호두를 정수된 물에 4시간 이상 불린 후 깨끗하게 세척한다. 이때 효소는 염소에 약하기 때문에 수돗물이 아닌 정수된 물을 사용한다.

② 식품 건조기 45도 온도에서 건조한다.

③ 건조한 호두를 밀봉하여 냉장고에 보관한다. 효소는 높은 온도에도 약하지만 낮은 온도에도 약하기 때문에 냉동보관이 아닌 냉장보관한다.

• 통곡물 싹틔우기 예) 메밀

① 메밀을 세척한 후 정수된 물에 5시간 이상 불린 후 최대한 깨끗하게 여러 번 세척한다.

② 메밀을 겹치지 않게 넓게 펼친 후 하루 한 두 번 스프레이로 물을 주어 이틀째에 0.5cm 싹이 자라면 다시 세척한다.

③ 45도 온도에서 12시간 이상 완전히 건조한 후 밀봉하여 냉장보관한다.

종류	아몬드	호두	캐슈넛	아마씨	해바라기씨
불리는 시간	12시간	4시간	3시간	6시간	8시간

01

CAKE &
BREAD

RAW FOOD

애플파이

로푸드 디저트를 처음 접한다면 애플파이부터 만들자.
건조 단계가 필요 없어 심플하고 달콤 상큼한 파이의 매력으로 빠질 것이다.

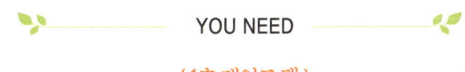

YOU NEED

〔 1호 케이크 팬 〕

크러스트
피칸 3/4C • 호두 1/4C • 반건시 1개 • 천일염 약간

필링
사과 3개 • 반건시 1개 • 건포도 2T • 실리움 허스크 1t
실론 시나몬 가루 1t • 천일염 약간

데코레이션
사과꽃(225쪽)

HOW TO MAKE

크러스트

1 푸드 프로세서로 피칸, 호두, 천일염을 곱게 간다.

2 반건시를 넣고 물을 조금씩 추가하며 잘 뭉쳐지도록 반죽한다.

3 케이크 팬 바닥에 펑펑하게 낀다.

필링

4 푸드 프로세서로 사과 1개, 반건시, 건포도, 실리움 허스크, 실론 시
나몬 가루, 천일염을 살짝살짝 갈아서 볼에 담는다.

5 푸드 프로세서로 사과 2개를 작은 조각으로 간다. 이때 퓨레 상태로
만들지는 않는다.

6 사과 조각을 볼에 담고 손으로 잘 섞는다.

7 케이크 팬에 필링을 채우고 잠시 냉장보관한다.

8 사과꽃으로 가니쉬한다.

RAW FOOD

카프레제 허브 타르트

싱그러운 색감이 살아있는 카프레제 허브 타르트는 샐러드와
디저트의 중간에 서있는 메뉴라고 볼 수 있다. 싱그러운 디저트를 만들자.

YOU NEED

{ 3호 타르트 팬 }

크러스트

호두 2C • 마리네이드 물 2T(164쪽) • 후추 1/2t • 천일염 약간

치즈 필링

캐슈넛 2C(soaked) • 마늘 1쪽 • 레몬 1/2개 • 된장 1/2T • 천일염 약간 • 후추 약간

토핑

따뜻한 토마토(164쪽) • 바질

HOW TO MAKE

크러스트

1 푸드 프로세서로 호두, 후추, 천일염을 살짝살짝 분쇄한다.

2 마리네이드 물을 조금씩 추가하며 잘 뭉쳐지도록 반죽하고, 타르트 팬 바닥에 평평하게 깐다.

3 식품 건조기에서 5시간 이상 건조한다.

치즈 필링

4 고속 블렌더로 캐슈넛, 마늘, 레몬즙, 된장, 천일염, 후추를 물을 조금씩 추가하며 부드
  럽게 간다.

5 볼에 치즈를 넣고 면보로 덮어 실온에서 24시간 발효한다.

타르트

6 크러스트 위로 치즈 필링을 채운다.

7 바질 잎을 필링 위에 깐다.

8 따뜻한 토마토를 필링 위로 채우고 사이사이에 바질 잎으로 가니쉬한다.

9 바로 먹거나 4시간 이상 냉장보관한다.

TIP 냉장보관시 필링에 힘이 생긴다.

RAW FOOD

앤틱 사과꽃 타르트

고풍스러운 사과꽃을 품은 디저트를 가족들이나 친구들에게 선보인다면,
그 순간 디저트를 좀 아는 전문가가 되어 있을 것이다.

YOU NEED

{ 1호 타르트 팬 }

크러스트

피칸 1C • 건포도 2T(soaked) • 실론 시나몬 가루 약간 • 천일염 약간

반건시 버터

반건시 반죽 1/2C(231쪽) • 애플파이 스파이스 1t

토핑

사과꽃 1~2개(225쪽) • 허브잎 약간

HOW TO MAKE

크러스트

1 푸드 프로세서로 피칸을 다진다.

2 건포도, 실론 시나몬 가루, 천일염을 추가하고 잘 뭉쳐지도록 반죽한다.

3 타르트 팬에 반죽을 잘 펼쳐서 형태를 잡는다.

4 크러스트를 2시간 정도 냉동보관한다.

반건시 버터

5 반건시 반죽과 애플 스파이스를 잘 섞는다.

타르트

6 크러스트에 반건시 버터를 채우고 사과꽃, 허브잎 등으로 가니쉬한다.

RAW FOOD

초콜릿 실크 파이

'실크'라는 이름에 맞는 부드러운 파이를 만들자.
부드러운 필링에 견과가 들어가지 않은 크러스트의 조합이 아주 좋다.

YOU NEED

{ 1호 타르트 팬 }

크러스트
코코넛 플레이크 1C • 루쿠마 가루 1과 1/2T • 천일염 약간
반건시 반죽 1/4C(231쪽) • 바닐라 빈 1/2개

캐러멜 레이어
반건시 반죽 1/2C

초콜릿 무스
아보카도 1/2개 • 반건시 반죽 2T
아가베 시럽 2T • 카카오 가루 1T • 천일염 약간 • 과일 • 민트 잎 등

HOW TO MAKE

크러스트

1 푸드 프로세서로 코코넛 플레이크, 루쿠마 가루, 천일염을 간다.

2 반건시 반죽과 바닐라 빈을 넣고 반죽이 잘 뭉쳐지도록 간다.

3 반죽을 파이 팬에 모서리를 살려 꼼꼼히 깐다.

캐러멜 레이어

4 크러스트 바닥에 반건시 반죽을 바른다.

초콜릿 무스

5 고속 블렌더로 아보카도, 반건시 반죽, 아가베 시럽, 카카오 가루, 천일염
   을 부드럽게 간다.

6 초콜릿 무스를 크러스트에 채우고 3시간 이상 냉동한다.

7 과일과 민트 잎으로 가니쉬한다.

RAW FOOD

페어 프랄린 파이

배의 계절이 돌아오면 로푸드 메뉴도 함께 풍성해진다.
배의 달콤 시원한 매력을 최대한 살려 가볍게 만든
페어 프랄린 파이의 매력에 빠져들 것이다.

YOU NEED

{ 2호 타르트 팬 }

크러스트

타이거 넛츠 2와 1/4C(ground) • 물 4T • 코코넛 버터 3T(melt) • 코코넛 오일 3T(melt)
아가베 시럽 1T • 시나몬 가루 1t • 천일염 1/4t • 반건시 6개

필링

배 2와 1/2C • 실리움 허스크 1과 1/2T • 레몬 1/2개 • 바닐라 빈 1/2개 • 천일염 1/4t

토핑

피칸 1/2C • 코코넛 채 1T

HOW TO MAKE

크러스트

1 푸드 프로세서로 타이거 넛츠, 코코넛 버터, 코코넛 오일, 아가베 시럽, 시나몬 가루, 천일염에 물을 조금씩 첨가하며 분쇄하여 반죽한다.

2 파이 팬에 반죽을 깔고 크러스트를 분리하여 식품 건조기에서 6시간 이상 건조한다.

3 크러스트 건조 후 반건시의 씨를 제거하고 먹기 좋은 크기로 잘라 크러스트 안쪽에 깐다.

필링

4 고속 블렌더로 배를 곱게 갈아 퓨레 상태로 만든다.

5 실리움 허스크, 레몬즙, 바닐라 빈, 천일염을 넣고 고속 블렌더로 잘 혼합한다.

6 크러스트에 필링을 붓고 평평하게 펼친다.

토핑

7 푸드 프로세서로 피칸과 코코넛 채를 함께 다지고 필링 위에 토핑하고 4시간 이상 냉장고에서 숙성한다.

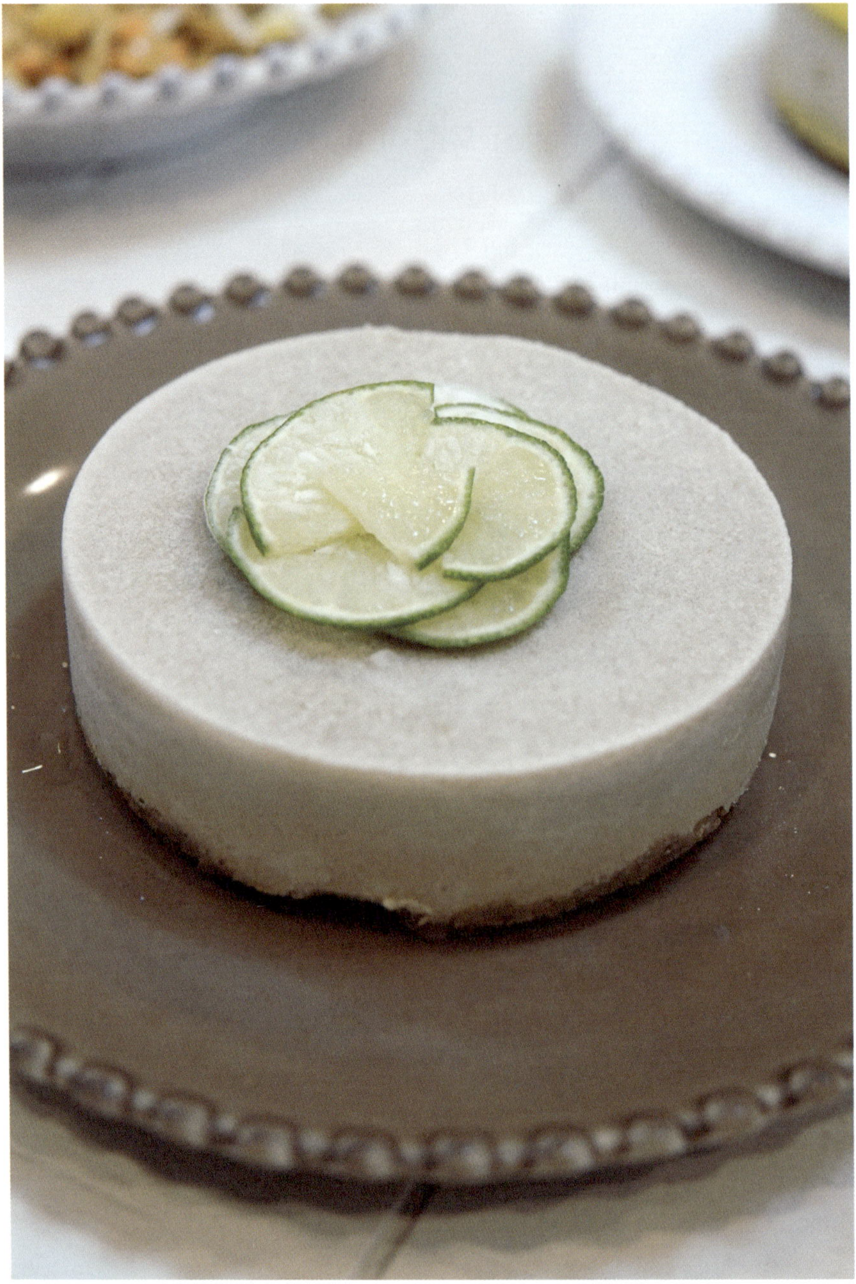

RAW FOOD

라임 파이

입가를 촉촉이 적시는 상큼한 라임 파이다. 남녀노소 누구나 좋아하는
새콤달콤한 맛에 어딜 가나 눈길을 끄는 비주얼까지 좋은 파이다.

YOU NEED

{ 미니 케이크 팬 }

크러스트
피칸 1/4C • 마카다미아넛 1/4C • 실론 시나몬 가루 약간
반건시 1/2개 • 라임 제스트 약간 • 천일염 약간

1st 레이어
코코넛 밀크 1/4C(raw or canned)(204쪽) • 아보카도 1/4개 • 라임 1/2개 • 아가베 시럽 약간
코코넛 오일 1/4C(melt) • 썬플라워 레시틴 2/3T • 천일염 약간

2nd 레이어
코코넛 밀크 1/4C(raw or canned) • 코코넛 채 2T • 아가베 시럽 약간 • 바닐라 엑스트렉 약간
코코넛 오일 1T(melt) • 썬플라워 레시틴 1/2T • 가니쉬용 라임 또는 레몬 • 천일염 약간

HOW TO MAKE

미리 준비할 것

1 코코넛 밀크 캔을 하루 동안 냉장보관한다.

크러스트

2 푸드 프로세서로 피칸, 마카다미아넛, 실론 시나몬 가루, 천일염을 분쇄한다.

3 반건시, 라임 제스트를 넣고 물을 조금씩 추가하며 잘 뭉쳐지도록 반죽한 후 케이크 팬 바닥에
  평평하게 깐다.

1st 레이어

4 고속 블렌더로 코코넛 밀크, 아보카도, 아가베 시럽, 라임즙, 천일염을 부드럽게 혼합한다.

5 코코넛 오일과 썬플라워 레시틴을 넣고 다시 한 번 혼합한다.

6 케이크 팬에 반죽을 붓고 기포를 제거하고 3시간 이상 냉동보관한다.

2nd 레이어

7 고속 블렌더로 코코넛 밀크, 코코넛 채, 아가베 시럽, 바닐라 엑스트렉, 천일염을 부드럽게 혼합한다.

8 코코넛 오일, 썬플라워 레시틴을 넣고 다시 부드럽게 혼합한다.

9 반죽을 케이크 팬에 붓고 냉동 후 레몬, 라임 등으로 가니쉬한다.

RAW FOOD

스트로베리 루바브 크림 파이

딸기를 마음껏 먹을 수 있는 계절은 생각보다 길지 않다.
루바브와의 환상적인 조화로 딸기의 매력을 한층 더 느낄 수 있는 파이다.

YOU NEED

{ 1호 타르트 팬 }

크러스트
오트밀 1/3C(ground) • 코코넛 채 1과 1/2C • 천일염 약간 • 코코넛 오일 1T(melt)
아가베 시럽 약간 • 바닐라 엑스트렉 약간 • 물 약간

스트로베리 루바브 필링
마리네이드 스트로베리 루바브 1C(232쪽)

슬러리
딸기 1/3C • 마리네이드 물 약간(232쪽) • 아가베 시럽 약간 • 실리움 허스크 1/2T

바닐라 빈 필링
캐슈넛 1C(soaked) • 레몬 1/2개 • 아가베 시럽 약간 • 바닐라 엑스트렉 1t • 천일염 약간
코코넛 오일 3T(melt) • 썬플라워 레시틴 가루 1T

HOW TO MAKE

크러스트
1 푸드 프로세서로 오트밀, 코코넛 채, 천일염을 살짝살짝 분쇄한다.
2 코코넛 오일, 아가베 시럽, 바닐라 엑스트렉을 넣고 물을 조금씩 첨가하면서 잘 뭉쳐지도록 반죽한다.
3 타르트 팬에 반죽을 꼼꼼히 깐다.

스트로베리 루바브 필링
4 마리네이드 스트로베리 루바브를 체에 걸러 물과 분리한다.

슬러리
5 고속 블렌더로 딸기, 마리네이드 물, 아가베 시럽, 실리움 허스크를 곱게 갈고 반죽에 힘이 생길 수 있도록 몇
  시간 동안 냉장보관한다.

바닐라 빈 필링
6 고속 블렌더로 캐슈넛, 레몬즙, 아가베 시럽, 바닐라 엑스트렉에 물을 조금씩 추가하며 부드럽게 간다.
7 코코넛 오일을 넣고 갈고, 썬플라워 레시틴 가루를 넣고 한 번 더 곱게 간다.
8 크러스트에 필링을 붓고 기포를 제거한 후 4~6시간 냉동한다.
9 슬러리, 스트로베리 루바브 필링을 채우고 냉동보관한다.

RAW FOOD

시나몬 크림 컵케이크

한 입 베어 물면 꾸덕한 브라우니를 먹는 기분에 빠지게 되고,
그 뒤에 따라오는 시나몬 크림의 부드러움까지 배가 되는 케이크다.

YOU NEED

{ 5 ~ 6개 }

컵케이크

호두 2C • 카카오 가루 1/2C • 시나몬 티백 3개 • 코코넛 채 1T • 카연 페퍼 1/2t
천일염 약간 • 건포도 1/2C • 반건시 2개 • 바닐라 빈 1/2개

시나몬 크림

캐슈넛 1/2C(soaked) • 코코넛 버터 1/4C(melt) • 아가베 시럽 1T • 바닐라 빈 1/2개
레몬 1/2개 • 시나몬 가루 2/3t • 스테비아(liquid) 약간 • 천일염 약간 • 물 약간

HOW TO MAKE

컵케이크

1 푸드 프로세서로 호두, 카카오 가루, 시나몬 티백 내용물, 코코넛 채, 카연페퍼, 천일염
  을 분쇄한다.

2 건포도, 반건시, 바닐라 빈을 넣고 물을 조금씩 첨가하며 잘 뭉쳐지도록 반죽한다.

3 컵케이크 틀에 반죽을 채우고, 식품 건조기에서 8~10시간 건조한다.

시나몬 크림

4 고속 블렌더로 캐슈넛, 코코넛 버터, 아가베 시럽, 바닐라 빈, 레몬즙, 시나몬 가루, 스테
  비아, 천일염을 물을 조금씩 추가하며 부드럽게 간다.

5 크림이 묽으면 1시간 이상 냉장보관한다.

컵케이크

6 시나몬 크림을 조금씩 덜어 컵케이크 위에 올리고 초콜릿, 민트 잎 등으로 가니쉬한다.

RAW FOOD

가나슈 컵케이크

속으로 들어갈수록 더 스윗해지는 컵케이크다.
큰 케이크와는 또 다른 귀여운 케이크로 주변에 사랑을 나눌 수 있다.

YOU NEED

{ 5 ~ 6개 }

컵케이크
아몬드 1/2C • 카카오 가루 1/4C • 메스퀴트 가루 2T • 천일염 약간 • 반건시 1C • 코코넛 오일 3T

초콜릿 가나슈 프로스팅
초콜릿 가나슈 프로스팅 1/2C(226쪽)

에스프레소 버터크림 프로스팅
에스프레소 버터크림 프로스팅 1~2C(234쪽)

토핑
카카오 가루 • 카카오닙스

HOW TO MAKE

컵케이크
1 푸드 프로세서로 아몬드를 잘게 분쇄한다.

2 카카오 가루, 메스퀴트 가루, 천일염을 넣고 분쇄한다.

3 반건시, 코코넛 오일을 넣고 잘 뭉쳐지도록 반죽한다.

TIP 반건시가 많이 건조할 경우 15분 정도 물에 불린다.

초콜릿 가나슈
4 초콜릿 가나슈 프로스팅를 준비하고 30~60분간 냉장보관하여 굳힌다.

에스프레소 버터크림 프로스팅
5 짤주머니에 크림을 채운다.

가나슈 컵케이크
6 팬에 컵케이크 반죽을 채운다.

7 반죽 중앙을 1t 스푼으로 퍼낸다.

8 식품 건조기에서 8~10시간 건조한다.

9 컵케이크 중앙에 초콜릿 가나슈 프로스팅을 채운다.

10 에스프레소 버터크림 프로스팅으로 프로스팅한다.

11 카카오 가루와 카카오닙스로 토핑한다.

RAW FOOD

헤즐넛 페어 컵케이크

꾸덕한 컵케이크를 로푸드의 세계에서도 만날 수 있다.
꾸덕한 컵케이크에 어울리는 시원 달콤한 크림으로 조화로움이 있다.

YOU NEED

{ 5 ~ 6개 }

컵케이크

개암 1과 1/2C • 코코넛 채 1과 1/2C • 실론 시나몬 가루 1t • 생강 가루 1t
아니스 가루 1/2t • 천일염 약간 • 반건시 2C • 바닐라 엑스트렉 1t • 배 1과 1/4C

벨벳 허니 프로스팅(235쪽)

HOW TO MAKE

1 푸드 프로세서로 개암을 분쇄한다.

2 나머지 재료를 넣고 물을 조금씩 추가하며 반죽이 잘 뭉쳐지도록 반
죽한다.

3 컵케이크 틀에 반죽을 채우고, 식품 건조기에서 8~10시간 건조한다.

4 완성된 컵케이크에 벨벳 허니 프로스팅을 올린다.

RAW FOOD

레드벨벳 컵케이크

감사한 사람이나 사랑하는 사람에게 레드벨벳 컵케이크를 선물하자.
핑크 비주얼과 초코 풍미가 어떤 상황이든 로맨틱하게 만든다.

YOU NEED

{ 10 ~ 12개 }

비트 1C • 반건시 4개 • 아가베 시럽 2T
카카오 버터 1과 1/2T(melt) • 레몬즙 1T • 바닐라 엑스트렉 1/2T
카카오 가루 2T • 천일염 약간 • 아몬드 펄프 2C(201쪽)
핑크 프로스팅(227쪽) • 식용 장미

HOW TO MAKE

1 푸드 프로세서로 비트를 분쇄한다.

2 반건시를 넣고 분쇄한다.

3 아가베 시럽, 카카오 버터, 레몬즙, 바닐라 엑스트렉, 카카오 가루, 천
  일염을 넣고 잘 뭉쳐지도록 반죽하고 반죽을 볼에 담는다.

4 볼에 아몬드 펄프를 넣고 손으로 잘 섞는다.

5 컵케이크 틀을 이용하여 반죽을 조금씩 덜어 컵케이크 모양으로 성
  형한다.

6 식품 건조기에서 4~6시간 건조한다.

7 핑크 프로스팅을 컵케이크 위에 올리고 식용 장미 등으로 가니쉬
  한다.

RAW FOOD

솔티드 캐러멜 컵케이크

간단하게 만들어서 보관도 쉽지만 손님들에게 대접했을 때는
하루종일 공들인 컵케이크처럼 보인다.

YOU NEED

{5~6개}

컵케이크

아몬드 펄프 1C(201쪽) • 코코넛 오일 2T(melt) • 아가베 시럽 1T
카카오 가루 2T • 시나몬 가루 약간 • 반건시 2개 • 천일염 약간

캐러멜

반건시 2개 • 물 약간 • 피칸 5~6개

HOW TO MAKE

컵케이크

1 푸드 프로세서로 아몬드 펄프, 코코넛 오일, 아가베 시럽, 카카오 가
　루, 시나몬 가루, 반건시, 천일염에 물을 조금씩 추가하며 잘 뭉쳐지
　도록 반죽한다.

2 반죽을 조금씩 덜어 컵케이크 팬에 채우고 윗부분을 평평하게 한 후
　잠시 냉동보관한다.

3 푸드 프로세서로 반건시와 물을 곱게 분쇄한다.

4 살짝 냉동된 컵케이크 위에 캐러멜을 바른다.

5 피칸을 컵케이크 위에 올린다.

RAW FOOD

블루베리 가나슈 치즈 케이크

블루베리 생과를 만날 수 있는 계절에는
치즈 케이크로 블루베리의 매력을 느껴보자.
가나슈와 만난 블루베리는 색깔도 맛도 이보다 더 좋을 수는 없다.

YOU NEED

{ 미니 케이크 팬 }

크러스트
코코넛 플레이크 1/4C • 루쿠마 가루 1T • 반건시 반죽 2T(231쪽)
바닐라 엑스트렉 약간 • 천일염 약간

초콜릿 가나슈 프로스팅(226쪽)

블루베리 필링
캐슈넛 1C(soaked) • 블루베리 2/3C • 바닐라 엑스트렉 1/3t • 천일염 약간
아가베 시럽 1/4C • 코코넛 오일 1/3C(melt) • 레시틴 1T • 물 약간

HOW TO MAKE

크러스트
1 쿠느 프로세서로 코코넛 플레이그, 루쿠마 가루, 천일염을 잘게 다진다

2 반건시 반죽, 바닐라 엑스트렉을 넣고 잘 뭉치도록 반죽한다.

3 크러스트를 케이크 팬 바닥에 꼼꼼히 간다.

가나슈 레이어
4 초콜릿 가나슈 프로스팅을 크러스트 위에 평평하게 깔고 잠시 냉동보관한다.

블루베리 필링
5 고속 블렌더로 캐슈넛, 블루베리, 바닐라 엑스트렉, 천일염, 아가베 시럽에
물을 조금씩 추가하며 부드럽게 간다.

6 코코넛 오일과 레시틴을 넣고 잘 섞는다.

7 케이크 팬에 필링을 평평하게 채우고 4시간 이상 냉동보관한다.

체리 치즈 케이크

체리가 나오는 계절을 맞이하여 꾸덕한 치즈 케이크를 만들자.
맛도 비주얼도 빠지지 않아 선물용으로 좋은 케이크다.

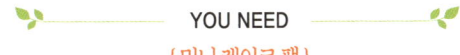

YOU NEED
{ 미니 케이크 팬 }

크러스트
캐슈넛 2/3C • 롤드 오트밀 1/4C • 코코넛 채 2/3C • 천일염 약간 • 코코넛 오일 2T(melt) • 아가베 시럽 약간

체리 레이어
체리 1C • 반건시 1개 • 치아씨드 1T

치즈 케이크 필링
캐슈넛 1과 1/2C(soaked) • 레몬 1/2개 • 아가베 시럽 약간
바닐라 엑기스 1t • 천일염 약간 • 코코넛 오일 1/4C(melt) • 썬플라워 레시틴 1과 1/2T

쿨리스
체리 1/4C • 아가베 시럽 1T • 코코넛 오일 1T(melt)

HOW TO MAKE

크러스트
1 푸드 프로세서로 캐슈넛, 롤드 오트밀, 코코넛 채, 천일염을 잘 뭉쳐지도록 반죽한다.

2 코코넛 오일, 아가베 시럽을 추가하고 물을 조금씩 첨가하며 촉촉하게 반죽한다.

3 케이크 팬 바닥에 평평하게 채운다.

체리 레이어
4 푸드 프로세서로 체리, 반건시, 치아씨드에 물을 조금씩 추가하며 촉촉하게 분쇄한다.

5 크러스트 위에 체리 레이어를 채우고 식품 건조기 45도 온도에서 30~60분 정도 건조한다.

치즈 케이크 필링
6 고속 블렌더로 캐슈넛, 레몬, 아가베 시럽, 바닐라 엑기스, 천일염에 물을 조금씩 추가하며 부드럽게 분쇄한다.

7 코코넛 오일과 썬플라워 레시틴을 추가하며 다시 한 번 분쇄한다.

8 케이크 팬에 치즈 케이크 필링을 채운다.

쿨리스
9 고속 블렌더로 체리, 아가베 시럽, 코코넛 오일에 물을 조금씩 추가하며 곱게 간다.

10 필링 위에 쿨리스를 토핑하고 꼬치 등으로 마블링을 표현한다.

11 4~6시간 동안 냉동보관한다.

RAW FOOD

솔티드 캐러멜 발효 치즈 케이크

꾸덕하고 풍미 있는 치즈 케이크와 캐러멜의 달콤함을 함께 즐기고 싶을 때,
아메리카노와 함께 하면 좋다.

YOU NEED

{ 미니 케이크 팬 }

크러스트
코코넛 채 1/4C • 롤드 오트밀 2T • 아마씨 1T(ground) • 천일염 약간 • 반건시 1/2개
코코넛 오일 1t(melt) • 바닐라 빈 1/2개

치즈 필링
발효 전 : 캐슈넛 3/4C(soaked) • 코코넛 밀크 1/2C(canned) • 프리바이오틱스 1캡슐 • 프로바이오틱스 1캡슐
발효 후 : 코코넛 오일 1/2C(melt) • 아가베 시럽 1T • 레몬 1/2개 • 바닐라 빈 1/2개 • 천일염 약간

토핑
캐러멜 프로스팅 1/2C(236쪽)

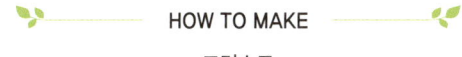

HOW TO MAKE

크러스트

1 푸드 프로세서로 코코넛 채, 롤드 오트밀, 아마씨, 천일염을 간다.

2 반건시, 코코넛 오일, 바닐라 빈을 추가하고 반죽이 잘 뭉쳐지도록 긴다.

3 반죽을 케이크 틀 바닥에 평평하게 깐다.

치즈 필링

4 고속 블렌더로 캐슈넛, 코코넛 밀크, 프리바이오틱스 가루, 프로바이오틱스 가루를 완전히 부드럽게 간다.

5 캐슈 크림을 볼에 담고 면보로 덮고 실온에서 약 24시간 발효시킨다.

  TIP 발효 시간은 실내 온도에 따라 달라진다.

6 고속 블렌더로 발효된 캐슈 크림, 코코넛 오일, 아가베 시럽, 레몬즙, 바닐라 빈, 천일염을 혼합한다.

7 크러스트 위에 크림을 붓고 3시간 이상 냉동한다.

8 캐러멜 프로스팅을 케이크 필링 위에 펼치고 냉동한다.

RAW FOOD

펌킨 스파이스 당근 케이크

당장 로푸드 케이크가 필요한 날에는 냉동하거나 건조 과정이 필요 없는
당근 케이크를 만들자. 당근과 메밀, 사과와 시나몬의 조합이 완벽한 당근 케이크다.

YOU NEED

{ 1호 케이크 팬 }

당근 빵

메밀가루 1과 1/2C • 코코넛 밀가루 1C • 실론 시나몬 가루 1t • 애플파이 스파이스 1/4t
천일염 약간 • 당근 2와 1/2C • 사과 1개 • 반건시 1C • 건살구 1C(soaked) • 레몬 1/2개
바닐라 엑스트렉 1t • 아가베 시럽 2T • 건포도 1/2C

프로스팅

화이트 프로스팅(244쪽) • 펌킨 스파이스 2t~3t

토핑

다진 호두 약간

HOW TO MAKE

당근 빵

1 볼에 메밀가루, 코코넛 밀가루, 실론 시나몬 가루, 애플파이 스파이스, 천일염을 넣고 잘 섞는다.

2 푸드 프로세서로 당근을 분쇄한다.

3 사과를 추가하고 분쇄한다.

4 반건시, 건살구, 레몬즙, 바닐라 엑스트렉, 아가베 시럽을 추가하여 반죽이 잘 뭉쳐지도록 반죽하
  고 볼에 담고 섞는다.

5 볼에 건포도를 추가하고 잘 섞는다.

프로스팅

6 화이트 프로스팅에 펌킨 스파이스를 섞는다.

케이크

7 케이크 팬에 당근 빵 반죽의 절반을 평평하게 채운다.

8 당근 빵 위에 프로스팅 절반을 바르고 남은 반죽을 채우고 프로스팅을 다시 바른다.

9 다진 호두로 토핑 후 30분간 냉장고에서 숙성한다.

RAW FOOD

로즈마리 코스탈 브레드

샌드위치용으로도 좋지만 그 자체로도 아주 맛있다.
바삭바삭하게 씹히는 해바라기씨와 쫄깃한 크랜베리,
그 속에 향긋한 로즈마리의 매력까지 느낄 수 있다.

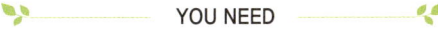

YOU NEED

{ 3 ~ 4인분 }

호두 1C • 오트밀 1C(ground) • 해바라기씨 3/4C
아마씨 1/4C(ground) • 실리움 허스크 2T • 흑후추 1/2t
셀러리 솔트 1/2t • 아몬드 펄프 2와 1/2C(201쪽) • 애플 사이다 식초 1T
아가베 시럽 3T • 다진 로즈마리 2T • 다진 건크랜베리 1C

HOW TO MAKE

1 푸드 프로세서로 호두를 분쇄한다.

2 오트밀, 해바라기씨(1/2C), 아마씨, 실리움 허스크, 흑후추, 셀러리 솔트를 추가하고 혼합한다.

3 아몬드 펄프, 애플 사이다 식초, 아가베 시럽, 다진 로즈마리를 넣고 섞어 볼에 담는다.

4 볼에 다진 건크랜베리, 나머지 해바라기씨를 추가하고 손으로 잘 섞은 후 15분간 휴지한다.

5 반죽을 빵 모양으로 반죽하고 식품 건조기에서 6~8시간 건조한다.

RAW FOOD

썬데이 모닝 브레드

일요일 아침에 대한 추억은 누구나 있다.
일주일에 한 번 일요일 아침에 가족들과 식사를 한다면
그 시간에 썬데이 모닝 브레드를 권하며 건강을 챙기자.

 **YOU NEED**

{ 3 ~ 4인분 }

마른 재료
오트밀 1C • 아마씨 1/4C(ground) • 코코넛 밀가루 3T
실론 시나몬 가루 1T • 천일염 약간

젖은 재료
아몬드 펄프 3C(201쪽) • 바나나 2개 • raw 버터 1/2C(222쪽)
raw 밀크 6T(201~207쪽) • 아가베 시럽 3T • 바닐라 엑스트렉 2t • 건포도 3/4C

 **HOW TO MAKE**

1 푸드 프로세서로 오트밀을 곱게 분쇄하고 아마씨, 코코넛 밀가루, 실
론 시나몬 가루, 천일염을 추가하여 섞고 볼에 담는다.

2 볼에 아몬드 펄프, 바나나, raw 버터, raw 밀크, 아가베 시럽, 바닐라
엑스트렉, 건포도를 추가하고 으깨서 잘 섞는다.

3 반죽을 빵 한 덩이로 뭉치고 식품 건조기에서 4~6시간 건조한다.

TIP 서빙 전 식품 건조기에서 5~10분 정도 보관한 후 서빙하면 따뜻한
빵을 먹을 수 있다.

RAW FOOD

캐러웨이 사우어 크라우트 브레드

사우어 크라우트가 맛있게 발효되었다면
그것을 이용한 브레드를 만들자. 호밀빵의 질감을 느낄 수 있다.

YOU NEED

{ 3~4인분 }

마른 재료

해바라기씨 1C • 롤드 오트밀 1/2C • 아마씨 1/2C(ground) • 실리움 허스크 1과 1/2T
캐러웨이씨 1과 1/2T(ground) • 캐러웨이씨 1/2t(whole) • 천일염 1/2t

젖은 재료

아몬드 펄프 1/2C(201쪽) • 사우어 크라우트 3/4C(246~249쪽) • 물 2T
사우어 크라우트 즙 2T(246~249쪽) • 아가베 시럽 2T • 바닐라 엑스트렉 1/2t

코팅

해바라기씨 • 참깨 • 건양파 등

HOW TO MAKE

마른 재료

1 푸드 프로세서로 해바라기씨, 롤드 오트밀을 거칠게 간다.

2 아마씨, 실리움 허스크, 캐러웨이씨, 천일염을 추가하고 분쇄한다.

젖은 재료

3 볼에 아몬드 펄프, 사우어 크라우트, 물, 사우어 크라우트 즙, 아가베 시럽, 바닐라 엑기
  스를 넣고 손으로 골고루 잘 섞는다.

4 분쇄된 마른 재료를 볼에 추가하고 반죽이 잘 뭉쳐지도록 손으로 잘 섞는다.

브레드

5 반죽을 빵 모양으로 빚고 해바라기씨, 참깨, 건양파 등으로 빵 윗면을 코팅한다.

6 식품 건조기에서 1시간 건조한다.

7 1시간 건조 후 브레드를 1cm 두께로 썰고 4~6시간 건조한다.

RAW FOOD

당근 브레드

시중에 파는 당근빵은 시원하고 달콤한 맛으로 사랑받는 메뉴다.
로푸드의 당근 브레드를 만들어 보자.
당근 쥬스를 만들고 펄프가 남았다면 이용해도 좋다.

YOU NEED

{ 3 ~ 4인분 }

마른 재료

오트밀 1C(ground) • 아마씨 3T(ground) • 실리움 허스크 가루 2T
실론 시나몬 가루 1T • 넛맥 가루 1t • 정향 가루 1/2t • 천일염 약간

젖은 재료

아몬드 펄프 2C(201쪽) • 아몬드 밀크 약간(201쪽) • 당근 또는 당근 펄프 2C
바나나 1/2C • 반건시 반죽 3/4C(231쪽) • 아가베 시럽 3T

손반죽 재료

다진 피칸 1/2C(soaked) • 건포도 3/4C

토핑

코코넛 설탕 1t • 따뜻한 물 1T

HOW TO MAKE

1 푸드 프로세서로 오트밀, 아마씨, 실리움 허스크 가루, 실론 시나몬 가루, 넛맥 가루, 정향 가루, 천일염을 잘 뭉쳐지도록 반죽하고 볼에 담는다.

2 아몬드 펄프, 아몬드 밀크, 당근, 바나나, 반건시 반죽, 아가베 시럽을 반죽 후 볼에 담아 1과 잘 섞이도록 손으로 반죽한다.

3 다진 피칸, 건포도를 추가하고 잘 섞고 반죽을 한 덩이로 뭉쳐 빵 모양으로 빚는다.

4 따뜻한 물에 코코넛 설탕을 녹이고 브러쉬로 빵 윗부분에 발라 코팅한다.

5 식품 건조기에서 16시간 이상 건조한다.

코코넛 크림 비스코티

아몬드 밀크를 만든 후에 남은 아몬드 펄프를 이용하면
비스코티의 식감을 완벽하게 표현할 수 있다.
코코넛 버터로 완성도를 높이자.

YOU NEED

{ 3 ~ 4인분 }

비스코티

아몬드 2C(soaked) • 아몬드 펄프 4C(201쪽) • 코코넛 밀크 2C(raw or canned)(204쪽)
코코넛 채 1C • 아가베 시럽 2T • 레몬 1개 • 천일염 약간 • 아마씨 1/2C(ground)

글레이즈

코코넛 버터 • 다진 아몬드

HOW TO MAKE

비스코티

1 푸드 프로세서로 아몬드를 분쇄한다.

2 아몬드 펄프, 코코넛 밀크, 코코넛 채, 아가베 시럽, 레몬 제스트, 레몬즙, 천일염을 넣고
혼합한 후 볼에 담는다.

3 볼에 아마씨를 추가하고 손으로 잘 섞는다.

4 반죽을 한 덩이로 뭉쳐 비스코티 모양으로 성형하고 식품 건조기에서 10시간 이상 건
조한다.

글레이즈

5 코코넛 버터를 중탕으로 녹여서 비스코티를 코팅하고 다진 아몬드로 토핑 후 잠시 동
안 냉동보관한다.

RAW FOOD

썬드라이 토마토와 바질 브레드 스틱

맛있는 채소를 모두 섞어 빵 속에 넣었다.
건조되면서 나는 고소하고 향긋한 냄새 때문에
기다리기 힘들 수도 있다.

YOU NEED

{ 5 ~ 6인분 }

마른 재료
아몬드 1C(ground) • 아마씨 1/2C(ground) • 코코넛 밀가루 3T
말린 다진 양파 1T • 천일염 약간

젖은 재료
쥬키니 호박 2C(peeled) • 올리브 오일 1T • 아가베 시럽 2T
간장 1T • 레몬 1/2개 • 썬드라이 토마토 1/2C(soaked)(169쪽)

손반죽 재료
아몬드 펄프 2C(201쪽) • 해바라기씨 1/2C(soaked)
말린 바질 1t 또는 바질 1과 1/2T • 참깨 약간

HOW TO MAKE

1 푸드 프로세서로 마른 재료를 모두 넣어 반죽하고 볼에 담는다.

2 푸드 프로세서로 쥬키니 호박, 올리브 오일, 아가베 시럽, 간장, 레몬즙에 물을 조금씩
추가하며 분쇄한다.

3 썬드라이 토마토를 넣고 분쇄하며 잘 섞고 볼에 담아 마른 재료 반죽과 잘 섞는다.

4 볼에 아몬드 펄프, 해바라기씨, 바질을 추가하고 손으로 잘 섞는다.

5 반죽을 조금씩 덜어 긴 스틱모양으로 성형하고 식품 건조기 트레이에 테프론 시트를
깔고 올린다.

6 참깨로 스틱을 토핑하고 식품 건조기에서 6시간 이상 건조한다.

02

SAVORY
TREATS

무화과 카다몬 브라우니

유럽 귀족들이 즐겼다는 상류층 향신료 카다몬의 아로마틱함을
브라우니에 담아보자. 카카오의 쌉쌀하고 깊은 맛과
카다몬의 향기가 무화과의 쫀득한 식감과 잘 어울린다.

YOU NEED

{ 3~4인분 }

롤드 오트밀 1C • 아몬드 1/2C(ground) • 카다몬 가루 1/2t • 건무화과 1C
반건시 1/2C • 코코넛 오일 2T(melt) • 카카오 가루 1T(for coat) • 천일염 약간

HOW TO MAKE

1 푸드 프로세서로 롤드 오트밀, 아몬드, 카다몬 가루, 천일염을 살짝살짝 분쇄한다.

2 건무화과와 반건시를 추가하여 살짝 분쇄 후 코코넛 오일을 추가하고 반죽이 잘 뭉쳐
지도록 반죽한다.

3 파운드 팬에 비닐 또는 유산지를 깔고 반죽을 평평하게 채운 다음 한 입 크기로 자른다.

4 카카오 가루로 코팅한다.

TIP 카다몬(cardamom)은 인도 등 열대지방에서 많이 나는 생강과에 해당하는 향신료로 생
강맛과 레몬향을 동시에 느낄 수 있다. 지방을 제거하고 장을 진정시키는 효과가 있다. 강한
향을 더해주는 용도로 사용된다.

RAW FOOD

코코넛 차이 브라우니

갑작스레 손님이 찾아 왔을 때, 차이티를 이용한 브라우니를 만들자.
차이티는 독특한 맛과 향의 브라우니를 선물해 줄 것이다.

YOU NEED

{ 3~ 4인분 }

대추 야자 2C • 코코넛 오일 1/4C(melt) • 카카오 가루 1/4C
아가베 시럽 1T • 아마씨 2T(ground) • 바닐라 엑스트렉 1T
코코넛 차이티백 3개 • 천일염 약간 • 다진 개암 1/2C

HOW TO MAKE

1 푸드 프로세서로 대추 야자, 코코넛 오일, 카카오 가루, 아가베 시럽, 아마씨,
바닐라 엑스트렉, 코코넛 차이티 내용물, 천일염을 잘 뭉쳐지도록 반죽하고 볼
에 담는다.

2 볼에 다진 개암을 담고 반죽과 잘 섞는다.

3 파운드 팬에 반죽을 꾹꾹 눌러 담고 1시간 이상 냉동보관한다.

RAW FOOD

코코넛 민트 브라우니

첫 번째 층의 달콤함, 두 번째 층의 부드러움
그리고 세 번째 층의 꾸덕함까지 맛볼 수 있다.

YOU NEED

{ 3~ 4인분 }

브라우니 레이어
아몬드 1/2C • 호두 1/2C • 카카오 가루 1/4C • 천일염 약간 • 반건시 2개 • 바닐라 엑스트렉 1/2t

바닐라 빈 레이어
캐슈넛 1/2C(soaked) • 물 또는 아몬드 밀크 1/2C(201쪽) • 아가베 시럽 1T
바닐라 엑스트렉 2t • 루쿠마 가루 2T • 코코넛 오일 3T(melt) • 레시틴 가루 1T

코코넛 민트 프로스팅
카카오 가루 3/4C • 코코넛 오일 1/3C(melt) • 천일염 약간 • 페퍼민트 엑스트렉 약간 • 아가베 시럽 2T

HOW TO MAKE

브라우니 레이어
1 푸드 프로세서로 아몬드, 호두, 카카오 가루, 천일염을 분쇄한다.
2 반건시, 바닐라 엑스트렉을 추가하고 잘 뭉쳐지도록 반죽한다.
3 무스 틀에 반죽을 평평하게 채운다.

바닐라 빈 레이어
4 고속 블렌더로 캐슈넛, 아가베 시럽, 바닐라 엑스트렉, 루쿠마 가루를
　 물이나 아몬드 밀크를 조금씩 첨가하며 부드럽게 간다.
5 코코넛 오일을 추가하고 간다.
6 레시틴 가루를 추가하고 다시 간다.
7 브라우니 레이어 위로 크림을 평평하게 붓고 잠시 동안 냉동보관한다.

코코넛 민트 프로스팅
8 고속 블렌더로 카카오 가루, 코코넛 오일, 천일염, 페퍼민트 엑스트렉,
　 아가베 시럽을 부드럽게 간다.
9 바닐라 빈 레이어가 굳은 지 확인한 후 그 위로 프로스팅을 채운다.

RAW FOOD

벚꽃 엔딩 브라우니

벚꽃도 우리 입맛을 돋우는 재료가 될 수 있다.
벚꽃을 품은 폭신한 브라우니와 함께 벚꽃 엔딩 같은 길을 걸어보자.

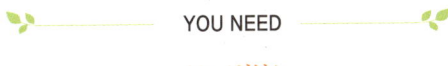

YOU NEED

{ 3~4인분 }

대추 야자 2C • 건체리 1/4C • 카카오 버터 1/4C(melt)
카카오 가루 1/4C • 아가베 시럽 1T • 아마씨 2T(ground)
아몬드 엑스트렉 1/2t • 벚꽃 티백 3개 • 천일염 약간 • 다진 캐슈넛 1/2C

HOW TO MAKE

1 푸드 프로세서로 대추 야자, 건체리(1/8C), 카카오 버터, 카카오 가루,
아가베 시럽, 아마씨, 아몬드 엑스트렉, 벚꽃 티백 내용물, 천일염에
물을 조금씩 추가하며 반죽이 잘 뭉쳐지도록 분쇄한다.

2 반죽을 볼에 담는다.

3 볼에 다진 캐슈넛, 남은 건체리를 추가하고 손으로 잘 섞는다.

4 파운드 팬에 반죽을 꼭꼭 눌러 담고, 냉동실에서 1시간 정도 숙성
한다.

에스프레소 민트 카카오 브라우니

브라우니를 좋아한다면 민트 브라우니를 즐겨 보자.
카카오닙스로 토핑하면 더 깊은 맛의 브라우니를 즐길 수 있다.
손님들을 실망시키지 않을 것이다.

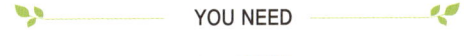

YOU NEED

{ 3~4인분 }

대추 야자 2C • 호두 1C(soaked) • 카카오 가루 1/2C • 민트 잎 1/4C
에스프레소 1shot(not raw) • 천일염 약간 • 카카오닙스 1/4C

HOW TO MAKE

1 푸드 프로세서로 불린 호두를 거칠게 분쇄한다.

2 카카오 가루와 천일염을 추가하고 혼합한다.

3 에스프레소, 민트, 대추 야자를 추가하고 잘 뭉쳐지도록 반죽한다.

4 사각틀에 브라우니 반죽을 눌러 담고 카카오닙스로 토핑한다.

5 30분간 냉동보관 후 한 입 크기로 자른다.

RAW FOOD

진저 브레드맨 쿠키

크리스마스 시즌이면 어디에선가 나타나 우리에게 따뜻함과
즐거움을 주는 진저맨과 진저걸을 로푸드로 만들자.

YOU NEED

{ 10 ~ 12개 }

아몬드 3C(ground) • 코코넛 설탕 1/4C • 실론 시나몬 가루 1t
정향 가루 1/4t • 생강 가루 1/4t • 천일염 1/2t • 아가베 시럽 2T
코코넛 오일 2T(melt) • 물 약간

HOW TO MAKE

1 푸드 프로세서로 아몬드, 코코넛 설탕, 실론 시나몬 가루, 정향 가루,
  생강 가루, 천일염을 혼합한다.

2 아가베 시럽, 코코넛 오일, 물 약간을 추가하고 잘 뭉쳐지도록 반죽
  한다.

3 반죽을 한 덩이로 뭉치고 비닐 랩에 싸서 1시간 가량 냉동보관한다.

4 반죽 위에 비닐을 깔고 롤러로 평평하게 밀어 원하는 두께를 맞춘다.

5 쿠키 커터로 반죽을 자르고 식품 건조기에서 10~16시간 건조한다.

TIP 정향(clove)은 달콤하면서도 상쾌하고 자극적인 향을 자랑한다. 감기
및 치통에 효과적인 향신료로 피클 또는 디저트의 향을 내는데 사용된다.

RAW FOOD

블루베리 마카다미아 쿠키

겉은 바삭하고 속은 쫄깃한 마카다미아의 매력을 쿠키에 적용시켜 보자.
마카다미아는 바삭한 식감과 버터의 깊은 풍미까지 함께 줄 것이다.

YOU NEED

{ 10 ~ 12개 }

피칸 2/3C • 코코넛 채 1과 1/2C • 루쿠마 가루 2T
천일염 약간 • 아가베 시럽 2T • 코코넛 버터 2T(melt)
바닐라 엑기스 약간 • 다진 마카다미아 1/2C • 건블루베리 1/4C

HOW TO MAKE

1 푸드 프로세서로 피칸을 곱게 간다.

2 코코넛 채, 루쿠마 가루, 천일염을 추가하고 혼합한다.

3 이가베 시럽, 코코넛 버터, 바닐라 엑기스를 추가하고 잘 뭉쳐지도록
반죽한다.

4 볼에 반죽을 넣고 다진 마카다미아와 건블루베리를 손으로 잘 섞
는다.

5 반죽을 조금씩 덜어서 동글 납작한 쿠키를 만든다.

6 식품 건조기 트레이에 쿠키를 올리고 10~16시간 정도 건조한다.

TIP '잉카의 황금'이라고 불리는 루쿠마(lucuma)는 아보카도처럼 두꺼
운 껍질에 쌓여있고, 설탕처럼 달콤한 맛이 난다. 달콤한 맛 때문에 시럽
대신에 많이 사용한다.

초콜릿 피칸 쿠키

초콜릿 러버들은 주목해야 한다. 겉은 바삭하고 속은 쫀득한
아몬드 베이스 초코 쿠키를 베스트 쿠키 목록에 추가할 것이다.

YOU NEED

{ 10 ~ 12개 }

아몬드 1과 1/2C(ground) • 아마씨 1/4C(ground) • 카카오 가루 1/4C
천일염 약간 • 코코넛 오일 2T(melt) • 아가베 시럽 약간
바닐라 엑스트렉 1/2T • 아몬드 엑스트렉 약간 • 피칸 1/2C(soaked)

HOW TO MAKE

1 푸드 프로세서로 아몬드, 아마씨, 카카오 가루, 천일염을 혼합한다.

2 코코넛 오일, 아가베 시럽, 바닐라 엑스트렉, 아몬드 엑스트렉을 추
가히고 물을 조금씩 첨가하며 잘 뭉쳐지도록 바죽하고 볼에 담는다.

3 피칸을 푸드 프로세서로 다지고 볼에 추가하고 잘 섞는다.

4 반죽을 조금씩 덜어 쿠키 모양으로 동글 납작하게 성형하고 식품 건
조기에서 5시간 이상 건조한다.

RAW FOOD

프로스팅 진저 브레드 쿠키

빨강, 초록, 골드 컬러로 가득 꾸며진 크리스마스에
진저 브레드 쿠키가 빠질 수는 없다. 다 같이 마음이 따뜻해 질 것이다.

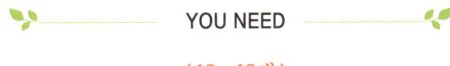

YOU NEED

{ 10 ~ 12개 }

롤드 오트밀 1C • 실론 시나몬 가루 1/2T • 생강 가루 1t
천일염 약간 • 넛맥 가루 약간 • 정향 가루 약간 • 아몬드 버터 1/3C(222쪽)
아가베 시럽 약간 • 코코넛 오일 1T(melt) • 바닐라 엑스트렉 1/2t
바닐라 코코넛 휘핑크림(220쪽) • 코코넛 설탕

HOW TO MAKE

1 푸드 프로세서로 롤드 오트밀 1/3C, 실론 시나몬 가루, 생강 가루, 천
일염, 넛맥 가루, 정향 가루를 곱게 분쇄한다.

2 아몬드 버터, 롤드 오트밀 2/3C, 아가베 시럽, 코코넛 오일, 바닐라
엑스트렉을 추가하고 혼합한다.

3 식품 건조기 트레이에 테프론 시트를 깔고 반죽을 조금씩 덜어 쿠키
모양으로 성형하고, 10시간 이상 건조한다.

4 바닐라 코코넛 휘핑크림으로 프로스팅하고 코코넛 설탕으로 토핑
한다.

TIP 육두구라고도 불리는 넛맥은 향기가 나는 호두라는 뜻으로 매콤하
면서도 달콤한 향이 난다. 조금씩만 넣어도 강한 향이 나는 향신료로 로
푸드 쿠키 재료로 많이 사용한다.

RAW FOOD

아몬드 버터 쿠키

쫄깃하고 크런키한 식감을 동시에 느낄 수 있는 쿠키를 만들자.
바삭함이 조금 아쉽다면 다진 아몬드의 힘을 빌려 업그레이드한다.

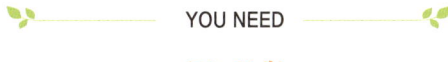

YOU NEED

{ 10 ~ 12개 }

롤드 오트밀 1과 1/2C • 천일염 약간
아몬드 버터 1/2C(222쪽) • 아가베 시럽 2T
코코넛 오일 2T(melt) • 아몬드 엑스트렉 1/2t

HOW TO MAKE

1 푸드 프로세서로 롤드 오트밀, 천일염을 곱게 분쇄한다.

2 아몬드 버터, 아가베 시럽, 코코넛 오일, 아몬드 엑스트렉을
  추가히고 물을 조금씩 첨가하며 잘 뭉쳐지도록 반죽한다.

3 반죽을 조금씩 덜어서 동글 납작한 쿠키를 만든다.

4 바로 먹거나 식품 건조기에서 8시간 정도 건조한다.

RAW FOOD

촉촉 쫄깃 오트밀 쿠키

간단한 재료로 촉촉함과 쫄깃함을 동시에 맛볼 수 있다.
아몬드 밀크와 함께 즐기면 좋다.

 **YOU NEED**

{ 10 ~ 12개 }

롤드 오트밀 1C • 아몬드 펄프(201쪽) 또는 아몬드 가루 1C
천일염 약간 • 바나나 2개 • 아몬드 버터 1/4C(222쪽)
건포도 1/2C • 아가베 시럽 1/2T

 **HOW TO MAKE**

1 푸드 프로세서로 롤드 오트밀과 천일염을 곱게 분쇄한다.

2 아몬드 펄프(가루), 바나나, 아몬드 버터, 아가베 시럽을 추가하
고 잘 섞이도록 반죽한다.

3 건포도를 추가하고 살짝살짝 분쇄한나.

4 식품 건조기 트레이에 테프론 시트를 깔고 쿠키 반죽을 조금씩
덜어 올리고 15시간 이상 건조한다.

RAW FOOD

블랙 퍼스트 쿠키

늦잠 잔 날에는 블랙 퍼스트 쿠키를 챙기자.
바삭하면서도 부드러운 쿠키가 우리의 입을 즐겁게 해주고 든든하게 해준다.

YOU NEED

{ 10 ~ 12개 }

롤드 오트밀 1C
바나나 1~2개 • 건포도 1/2C
아몬드 버터 4T(222쪽)
아가베 시럽 1/2T
천일염 약간

HOW TO MAKE

1 푸드 프로세서로 모든 재료를 넣고 부드럽게
  분쇄한다.
2 식품 건조기 트레이에 테프론 시트를 깔고
  쿠키 반죽을 조금씩 덜어 올린 후 8시간 정
  도 건조한다.

RAW FOOD

살구 코코넛 크래커

다이어트 때문에 식단 조절 중이라고 입을 자극하는 주전부리까지 포기할 수 없다면,
살구 코코넛 크래커가 정답이다.

YOU NEED

{ 8 ~ 10개 }

코코넛 채 1C
실론 시나몬 가루 1/2T
천일염 약간
살구 1과 1/2C
아가베 시럽 약간

HOW TO MAKE

1 푸드 프로세서로 코코넛 채, 실론 시나몬 가
  루, 천일염을 살짝살짝 분쇄한다.

2 살구, 아가베 시럽을 추가하고 부드럽게 간다.

3 식품 건조기 트레이에 테프론 시트를 깔고
  0.7cm 두께로 크래커 반죽을 평평하게 펼치
  고 10시간 이상 건조한다.

RAW FOOD

망고 코코넛 크래커

꾸덕한 과육을 자랑하는 망고의 상콤달콤함을 이용하여
바삭바삭한 크래커를 만들자. 티타임을 더 특별하게 만들 것이다.

YOU NEED

〈 8 ~ 10개 〉

코코넛 채 1과 1/2C • 실론 시나몬 가루 1/2T
생강 반쪽 또는 생강 가루 약간 • 천일염 약간
망고 1C • 바나나 1/2C • 아가베 시럽(optional)

HOW TO MAKE

1 푸드 프로세서로 코코넛 채, 실론 시나몬 가루, 생강, 천일염을
살짝살짝 분쇄한다.

2 망고, 바나나, 아가베 시럽(optional)을 추가하고 부드럽게 간다.

3 식품 건조기 트레이에 테프론 시트를 깔고 0.7cm 두께로 크래
커 반죽을 평평히게 멸치고 10시간 이상 건소한다.

TIP 진정한 시나몬이라고도 불리는 실론 시나몬(ceylon cinnamon)
은 일반 시나몬보다 색은 옅고 맛은 더 가볍고, 달콤하고 은은한 향
을 내기 때문에 인기 있는 로푸드 재료로 다양한 메뉴에 사용된다.

RAW FOOD

무화과 쿠키

무화과를 좋아한다면 무화과 쿠키도 무조건 좋아하게 될 것이다.
겉은 바삭하고 속은 쫀득한 무화과 쿠키는 초콜릿 무스와 함께하면 더 좋다.

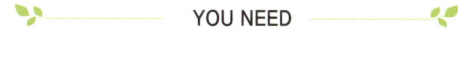

YOU NEED

{ 10 ~ 12개 }

롤드 오트밀 2C(soaked) • 견과류 3/4C • 해바라기씨 3T(soaked)
참깨 2T(soaked) • 건무화과 1/2C • 건파인애플 1/2C • 건포도 1/4C • 코코넛 채 1/4C
반건시 1개 • 아가베 시럽 1T • 코코넛 오일 2T(melt) • 바닐라 엑기스 1/2T
실론 시나몬 가루 1t • 넛맥 가루 약간 • 정향 가루 약간 • 천일염 약간

HOW TO MAKE

1 물에 불린 롤드 오트밀을 손으로 꼭 짜서 물기를 제거한다.

2 푸드 프로세서로 견과류와 해바라기씨를 거칠게 다진다.

3 볼에 오트밀, 다진 견과류, 해바라기씨, 참깨, 건무하과, 건파인
애플, 건포도, 코코넛 채를 넣고 잘 섞는다.

4 푸드 프로세서로 반건시, 아가베 시럽, 코코넛 오일, 바닐라 엑
기스, 실론 시나몬 가루, 넛맥 가루, 정향 가루, 천일염을 살짝
살짝 분쇄하고 볼에 추가하여 잘 섞는다.

5 식품 건조기 트레이에 테프론 시트를 깔고 반죽을 조금씩 덜어
올린 후 4시간 이상 건조한다.

RAW FOOD

사우어 크림 브로콜리 니블

식사 전이나 술안주로도
좋은 니블을 블로콜리로 만들어 보자.

 YOU NEED

{ 2 ~ 3인분 }

브로콜리 꽃 부분 2줌 • 해바라기씨 1C(soaked)
물 1/2C • 레몬 1/2개 • 애플 사이다 식초 1과 1/2T
양파 가루 1/2T • 흑후추 가루 1/2T • 천일염 1/2t

 HOW TO MAKE

1 브로콜리를 꽃 부분을 한 입 크기로 손질한다.

2 고속 블렌더로 해바라기씨, 물, 레몬즙, 애플 사이다 식초,
  양파 가루, 흑후추 가루, 천일염을 곱게 간다.

3 브로콜리에 소스를 붓고 버무린다.

4 천일염늘 토핑하고 8시간 이상 건조한다.

RAW FOOD

치폴레 브로콜리 니블

짭짤하고 바삭바삭한 주전부리를 찾는다면 브로콜리를 이용하자.
맛있는 니블을 만들기 위해서는 넉넉한 소스가 듬뿍 필요하다.

YOU NEED

{ 2 ~ 3인분 }

브로콜리 꽃 부분 2줌 • 레몬 1/2개 • 캐슈넛 1C(soaked)
영양 효모 1/2T • 치폴레 가루 1/4T • 천일염 약간
다진 마늘 1/4t • 레시틴 가루 1/2T

HOW TO MAKE

1 브로콜리 꽃을 한 입 크기로 손질한다.

2 고속 블렌더로 레몬즙, 캐슈넛, 영양 효모, 치폴레 가루, 천일염, 다진
마늘에 물을 조금씩 추가하며 크림처럼 부드럽게 간다.

3 소스가 갈리면 레시틴 가루를 추가하고 다시 곱게 간다.

4 브로콜리 꽃에 소스를 버무리고, 8시간 이상 건조한다.

TIP 콩, 씨앗 등에 많이 있는 레시틴(lecithin)은 일반 요리의 계란과 같은
역할을 로푸드 요리에서 대신한다. 농도를 짙게 하고 모든 재료가 잘 유
화되도록 도와준다.

RAW FOOD

브뤼셀 팝콘

영화관에서 쉽게 즐길 수 있는 팝콘만큼
우리의 입맛을 단숨에 사로잡는 가벼운 팝콘을 만든다.

 **YOU NEED**

{ 2 ~ 3인분 }

브뤼셀 스프라우트 2줌 • 올리브유 1/4C
간장 2T • 천일염 약간

 HOW TO MAKE

1 브뤼셀 스프라우트를 칼로 썰어 한 겹 한 겹 분리 후 세
척한다.

2 브뤼셀 스프라우트의 물기를 제거하고 볼에 담아 올리
브유, 간장, 천일염을 뿌리고 손으로 조물조물 절인다.

3 식품 건조기 트레이에 미니양배추를 깔고 8시간 이상
바삭하게 건조한다.

RAW FOOD

99% 슈퍼 카카오 초콜릿

시중에 파는 다크 초콜릿과 달리 카카오로만 채워서 초콜릿을 만들자.
진한 카카오가 입 안 가득 퍼질 것이다.

 **YOU NEED**

{ 2 ~ 3인분 }

카카오 버터 1/2C(melt) • 카카오 가루 1/4C
메스키트 가루 1T+1t • 아가베 시럽 1t

 **HOW TO MAKE**

1 카카오 버터를 중탕으로 녹이고 카카오 가루, 메스키트
가루, 아가베 시럽을 섞는다.

2 초콜릿 온도가 32도까지 떨어질 때까지 10분가량 계속
저어 템퍼링한다.

3 녹인 초콜릿을 실리콘 몰드에 담고 15분 이상 냉동한다.

TIP
• 물기를 완전히 제거하고 볼을 사용한다.
• 흔히 불을 피울 때 사용하는 메스키트 가루(mesquite
powder)는 훈제향과 견과향이 풍부하여 로푸드 재료로
사용되면 벽난로에서 구운 듯한 풍미를 더한다.

RAW FOOD

슈퍼 말차 초콜릿

녹차를 갈아서 만들어 목넘김이 좋은 말차는 카카오와도 잘 어울리는 재료다.
카카오 초콜릿과는 또 다른 말차 초콜릿의 풍미를 느껴보자.

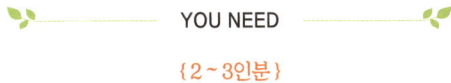

YOU NEED

{ 2 ~ 3인분 }

카카오 버터 1/2C(melt) • 말차 가루 2T • 아가베 시럽 1t

HOW TO MAKE

1 카카오 버터를 중탕으로 녹이고 말차 가루, 아가베 시
  럽을 섞는다.
2 초콜릿 온도가 32도까지 떨어질 때까지 10분 가량 계속
  저어 템퍼링한다.
3 녹인 초콜릿을 실리콘 몰드에 담고 15분 이상 냉동한다.

TIP 물기를 완전히 제거하고 볼을 사용한다.

RAW FOOD

민트 코코넛 초콜릿

카카오는 조리, 정제 등 다양한 과정을 거치면서 가지고 있는 영양소의 많은 부분이 손실되는데, raw 카카오 초콜릿은 카카오의 영양을 섭취하는데 가장 좋은 방법이다. 카카오의 깊은 맛에 코코넛의 부드러움까지 더해보자.

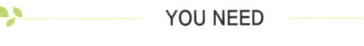

YOU NEED

{ 2~3인분 }

코코넛 버터 1/2C(melt) • 카카오 가루 2T
카카오닙스 2T • 민트 엑스트렉 1t
스테비아(liquid) 1/2t • 천일염 약간

HOW TO MAKE

1 코코넛 버터를 중탕으로 녹인다. 이 때 완전히 녹이지 말고 따뜻한 상태를 유지한다.

2 카카오 가루, 카카오닙스, 민트 엑스트렉, 스테비아, 천일염을 넣고 스패츌러로 잘 섞는다.

3 몰드에 초콜릿을 채우고 10분 이상 냉동한나.

TIP 코코넛 오일이 코코넛 과육에서 뽑은 기름이라면, 코코넛 버터(coconut butter)는 코코넛 과육 전체를 퓨레 상태로 만들어 부드러운 버터화 시킨 것이다. 스무디, 샐러드, 드레싱 등에 더하여 풍미를 살리거나 아이스크림 위에 얹어 식혀서 먹는 등 다양한 용도로 사용하여 깊은 맛을 더한다.

RAW FOOD

아몬드 화이트 바크 초콜릿

조금 더 특별해 지고 싶은 날에는 화이트 초콜릿을 만든다.
아몬드가 빼곡히 박힌 화이트 초콜릿이 혀에 닿는 순간
새로운 세상을 맞이하게 될 것이다.

YOU NEED

{ 2 ~ 3인분 }

카카오 버터 1과 1/2C(150g) • 루쿠마 가루 1/4C • 코코넛 슈가 1T
바닐라 빈 1/4개 • 천일염 약간 • 토핑용 건크랜베리 • 토핑용 다진 아몬드

HOW TO MAKE

1 가열 기능이 있는 고속 블렌더에 카카오 버터, 루쿠마 가루, 코코넛
슈가, 바닐라 빈, 천일염을 넣는다.

2 고속 블렌더를 가열 모드에 맞추고 온도를 45도 이하로 유지하며 곱
게 분쇄하며 녹인다.

3 초콜릿을 유리 또는 스테인리스 볼에 붓고 초콜릿 온도가 32로 떨어
질 때까지 10분 이상 템퍼링한다.

4 파운드 팬에 액체 초콜릿을 붓고 건크랜베리와 다진 아몬드로 토핑
한다.

5 냉동실에서 15분간 냉동한다.

TIP 템퍼링 과정은 초콜릿의 윤기를 내주고 더 딱딱한 초콜릿을 만드는
데 도움이 된다.

RAW FOOD

팟타이 케일 칩

너무 맛있어서 놀라운 태국의 정취가 물씬 나는 케일 칩이다.
함께 즐기고 싶은 팟타이 맛을 입힌 바삭한 케일 칩을 함께 즐겨보자.

YOU NEED

{ 2 ~ 3인분 }

마카다미아넛 1C(soaked) • 캐슈넛 또는 잣 1T(soaked)
오렌지 1/2개 • 아몬드 버터 1/8T(222쪽)
코코넛 간장 1T • 아가베 시럽 1T • 생강 가루 1/2t
천일염 약간 • 마늘 1/2쪽 • 카연페퍼 약간
타이 키친 레드 커리 페이스트 약간(not raw) • 즙 케일 한 줌

HOW TO MAKE

1 즙 케일의 줄기를 제거하고 한 입 크기로 손으로 뜯어 자른다.

2 고속 블렌더로 케일을 제외한 모든 재료를 부드럽게 간다.

3 즙 케일에 소스를 묻히고 식품 건조기 45도 온도에서 8시간 이상 건조한다.

RAW FOOD

초콜릿 케일 칩

케일 칩 소스에는 정답이 없다.
내가 좋아하는 맛과 향을 내는 바삭한 케일 칩이라면 정답이다.
소스가 듬뿍 묻은 달콤한 초코칩을 만들자.

YOU NEED

{ 2~3인분 }

호박씨 1C(soaked) • 코코넛 설탕 1/3C
카카오 가루 2T • 카카오 버터 2T(melt)
바닐라 엑기스 1t • 천일염 약간
실론 시나몬 가루 1/2t • 즙 케일 한 줌

HOW TO MAKE

1 즙 케일의 줄기를 제거하고 손으로 한 입 크기씩 뜯어 자른다.

2 고속 블렌더로 케일을 제외한 모든 재료를 부드럽게 간다.

3 즙 케일에 소스를 묻히고 식품 건조기 45도 온도에서 8시간 이상 건조한다.

RAW FOOD

페퍼콘 케일 칩

시간적 여유가 허락되어 견과류, 씨앗을 발효시켜 소스, 치즈, 스프레드 등을
만들면 맛의 깊이가 더 깊어질 뿐만 아니라 영양도 높아진다.
깊은 맛과 영양을 자랑하는 케일 칩이다.

YOU NEED

{ 2 ~ 3인분 }

소스

발효 치즈 1C(212~219쪽) • 영양 효모 1T • 양파 가루 1/2T
넛맥 가루 약간 • 천일염 약간 • 백후추 약간

토핑

흑후추 약간 • 굵은 천일염 약간

즙 케일 한 줌

HOW TO MAKE

1 즙 케일의 줄기를 제거하고 손으로 한 입 크기씩 뜯어 자
른다.

2 볼에 발효 치즈를 담고, 영양 효모, 양파 가루, 넛맥 가루,
천일염, 백후추와 혼합한다.

3 즙 케일에 소스를 묻히고 식품 건조기 45도 온도에서 8시
간 이상 건조한다.

4 흑후추, 굵은 천일염으로 토핑한다.

RAW FOOD

퀘소 멕시칸 케일 칩

건강한 식습관을 유지하겠다고 마음을 먹어도
심심풀이용 스낵이 준비되어 있지 않으면 우리의 의지는 무너지기 쉽다.
그럴 때 필요한 것이 케일 칩이다.
멕시칸 스타일 치즈의 풍미를 입힌 케일 칩을 즐겨보자.

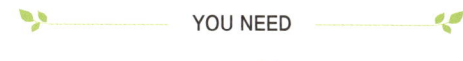

YOU NEED

{ 2 ~ 3인분 }

캐슈넛 1C(soaked) • 파프리카 1과 1/2C
영양 효모 1/4C • 풋고추 1/2C • 천일염 약간
마늘 1쪽 • 터머릭 1/4t • 후추 1/4t • 양파 가루 1/4t • 즙 케일 한 줌

HOW TO MAKE

1 즙 케일의 줄기를 제거하고 손으로 한 입 크기씩 뜯어 자른다.

2 고속 블렌더로 케일을 제외한 모든 재료를 부드럽게 간다.

3 즙 케일에 소스를 묻히고 식품 건조기 45도 온도에서 8시간
이상 건조한다.

TIP 채식주의자들의 치즈라고도 불리는 영양 효모(nutritional yeas)
는 치즈 못지않은 맛과 향을 자랑하여 샐러드, 수프, 케일 칩, 크래
커 등 다양한 메뉴의 재료로 사용되어 맛을 더한다.

RAW FOOD

식초와 딜 케일 칩

부드럽고 달콤한 맛의 허브 딜은 말리면 갈색 빛이 돌고 씨앗은 향기롭다.
달콤새콤하지만 약간의 쓴맛도 난다. 딜을 조금만 첨가하여 독특한 케일 칩을 만들자.

YOU NEED

〔 2 ~ 3인분 〕

캐슈넛 1C(soaked) • 물 1/3C
애플 사이다 식초 1/8C
레몬 1/2개 • 말린 딜 1과 1/2T
이탈리안 시즈닝 1T • 후추 1/2t
천일염 약간 • 즙 케일 한 줌

HOW TO MAKE

1 즙 케일의 줄기를 제거하고 손으로 한 입 크
  기씩 뜯어 자른다.

2 고속 블렌더로 케일을 제외한 모든 재료를
  부드럽게 간다.

3 즙 케일에 소스를 묻히고 식품 건조기에서 8
  시간 이상 건조한다.

RAW FOOD

치즈 케일 칩

로푸드의 매력적인 재료인 영양 효모를 잘 활용하면
리얼 치즈 못지않은 풍미를 연출할 수 있다. 재료의 특성을 한껏 살려보자.

YOU NEED

{ 2 ~ 3인분 }

캐슈넛 1C(soaked)
빨강 파프리카 1개 • 레몬 1개
영양 효모 1/4~1/2C
고춧가루 1/2t • 천일염 약간
즙 케일 한 줌

HOW TO MAKE

1 즙 케일의 줄기를 제거하고 손으로 한 입 크기
 씩 뜯어 자른다.

2 고속 블렌더로 캐슈넛, 빨강 파프리카, 레몬즙,
 영양 효모, 고춧가루, 천일염에 물을 조금씩
 추가하며 곱게 갈아서 소스를 만든다.

3 즙 케일에 소스를 넉넉하게 묻히고 식품 건조
 기에서 8시간 이상 바삭 건조한다.

코코넛 아니스 바

꽃을 닮은 아니스는 우리에게 독특한 이국적인 맛과 향을 선물한다.
코코넛을 더하여 에너지바로 만들자.

 **YOU NEED**

{ 8 ~ 10개 }

캐슈넛 2C • 코코넛 채 1C • 실론 시나몬 가루 1/2t
아니스 가루 1~2t • 천일염 약간 • 반건시 1C
코코넛 버터 1/4C(melt) • 아가베 시럽 1T
다진 건크랜베리 1/4C

 **HOW TO MAKE**

1 푸드 프로세서로 캐슈넛을 분쇄한 후 볼에 담는다.

2 푸드 프로세서로 코코넛 채를 분쇄한다.

3 캐슈넛 가루와 실론 시나몬 가루, 아니스 가루, 천일염을 푸
　드 프로세서에 추가하고 섞는다.

4 반건시, 코코넛 버터, 아가베 시럽을 추가하고 잘 뭉쳐지도
　록 반죽한다.

5 다진 건크랜베리를 추가하고 반죽한다.

6 트레이에 랩을 깔고 반죽을 평평하게 채우고, 1시간 정도 냉
　동보관 후 적당한 크기로 자른다.

7 식품 건조기에서 4~6시간 동안 건조한다.

RAW FOOD

장거리 여행 믹스 바

팬트리에 남은 재료가 넘쳐난다면
장거리 여행에서도 걱정 없을 에너지바를 만들자.
등산할 때도, 여행할 때도 에너지가 넘쳐 흐를 것이다.

YOU NEED

{ 8 ~ 10개 }

푸드 프로세서

아몬드 1/2C • 피칸 1/2C • 호두 1/2C • 호박씨 또는 해바라기씨 1/2C
카카오 가루 1/2T • 실론 시나몬 가루 1/2t • 천일염 약간

핸드믹스

롤드 오트밀 1C(soaked) • 코코넛 플레이크 1/2C
건포도 1/4C(soaked) • 건크랜베리 1/4C(soaked) • 다진 건무화과 1/2C(soaked)
아가베 시럽 약간 • 코코넛 오일 1/2T(melt)

HOW TO MAKE

1 푸드 프로세서로 아몬드, 피칸, 호두, 씨앗을 살짝살짝 간다.

2 카카오 가루, 실론 시나몬 가루, 천일염을 추가하여 곱게 다지고 볼에 담는다.

3 볼에 롤드 오트밀, 코코넛 플레이크, 건포도, 건크랜베리, 다진 건무화과, 아가
  베 시럽, 코코넛 오일을 추가하고 손으로 잘 섞는다.

4 트레이에 랩을 깔고 반죽을 평평하게 채우고, 1시간 정도 냉동보관 후 적당한
  크기로 자른다.

5 식품 건조기에서 6시간 동안 건조한다.

RAW FOOD

진저 피치 그래놀라 바

복숭아가 나오는 계절에는 로푸드도 복숭아처럼 달콤해지고 부드러워진다.
바삭하고, 단단하면서 동시에 쫀득한 에너지바를 만들자.

YOU NEED

{ 8 ~ 10개 }

사과 2와 1/2C • 반건시 1/2C • 아마씨 1/4C(ground) • 아가베 시럽 약간
레몬 1/2개 • 생강 가루 1t • 바닐라 엑스트렉 1/2T • 실론 시나몬 가루 1/2t
천일염 약간 • 아몬드 1C(soaked) • 피칸 1과 1/2C(soaked) • 호박씨 1/2C(soaked)
건크랜베리 1/2C • 건포도 1/2C • 말린 복숭아 1C • 오렌지 제스트

HOW TO MAKE

1 푸드 프로세서로 사과, 반건시, 아마씨, 아가베 시럽, 레몬즙, 생강 가루, 바닐라
엑스트렉, 실론 시나몬 가루, 천일염을 곱게 분쇄하고 볼에 담는다.

2 아몬드, 피칸, 호박씨, 건크랜베리, 건포도, 말린 복숭아를 곱게 분쇄하고 볼에
넣어 잘 섞는다.

3 오렌지 제스트를 추가하고 잘 섞는다.

4 트레이에 랩을 깔고 반죽을 꾹꾹 눌러 담고 1시간 정도 냉동보관 후 자른다.

5 식품 건조기에서 16시간 이상 건조한다.

RAW FOOD

코코넛 마카룬

로푸드 마카룬은 코코넛으로 채워져 좀 더 바삭바삭하고 담백하다.
동글한 모양이 귀여워 선물용으로도 아주 좋다.

YOU NEED

{ 6 ~ 8개 }

마카룬 코크

코코넛 채 2C • 아가베 시럽 2T

카카오 가루 • 말차 가루 • 단호박 가루 • 비트 가루 2T(option) • 물 약간

필링

코코넛 버터(melt) • 아가베 시럽 1T(option)

HOW TO MAKE

마카룬 코크

1 코코넛 채, 아가베 시럽, 물 약간을 푸드 프로세서로 간다.

2 코크 반죽에 카카오 가루, 말차 가루, 단호박 가루, 비드 가무 등을 추가
하여 색을 낸다.

3 둥근 쿠키 커터로 마카룬 코크의 모양을 잡아 식품 건조기 트레이에 올
리고 5시간 이상 건조시킨다.

필링

4 코코넛 버터를 중탕으로 녹인다.

5 중탕으로 녹인 코코넛 버터에 아가베 시럽을 섞는다.

6 마카룬 코크 사이에 코코넛 버터를 넣고 30분간 냉동한다.

RAW FOOD

초콜릿 커버 레몬 볼

입안에 레몬 볼이 들어가면 입 전체에 레몬 향이 퍼진다.
상큼한 레몬맛과 초콜릿 커버의 조합을 만들어 보자.

YOU NEED

{ 6 ~ 8개 }

레몬 볼
아몬드 2/3C(ground) • 코코넛 채 2/3C • 코코넛 밀가루 2T
천일염 약간 • 캐슈넛 1C(soaked) • 아가베 시럽 약간
레몬 1/2개 • 바닐라 엑스트렉 1t • 레몬 제스트 1T

초콜릿 코팅
카카오 버터 1/2C(melt) • 카카오 가루 1/2C • 아가베 시럽 약간 • 천일염 약간

HOW TO MAKE

레몬 볼

1 푸드 프로세서로 아몬드 가루, 코코넛 채, 코코넛 밀가루, 천일염이 잘 섞이도록
  살짝살짝 간다.

2 캐슈넛, 아가베 시럽, 레몬즙, 바닐라 엑스트렉, 레몬 제스트를 추가하고 잘 뭉
  쳐지도록 반죽한다

3 반죽을 조금씩 덜어서 작은 볼 모양으로 빚는다.

초콜릿 코팅

4 카카오 버터를 중탕으로 녹인다.

5 모든 재료를 잘 섞는다.

트러플

6 레몬 볼을 포크나 꼬치를 이용하여 초콜릿 코팅에 담근 후 잠시 냉동보관한다.

RAW FOOD

민티 초콜릿 트러플

발렌타인 데이에 사랑하는 사람에게 특별한 초콜릿을 선물하고 싶다면
민트 잎으로 채운 트러플을 추천한다.

YOU NEED

{ 6 ~ 8개 }

민티 센터

코코넛 플레이크 1과 1/2C • 아가베 시럽 1과 1/2T • 코코넛 버터 2T(melt)
코코넛 오일 1/2T(melt) • 물 약간 • 민트 엑스트렉 1과 1/2t 또는 민트 잎 1/2C • 천일염 약간

초콜릿 코팅

카카오 버터 1/2C(melt) • 카카오 가루 1/2C
아가베 시럽 2T • 썬플라워 레시틴 1/2t • 바닐라 엑기스 1/2t 또는 바닐라 빈 1/2개

HOW TO MAKE

민티 센터

1 푸드 프로세서로 코코넛 플레이크, 아가베 시럽, 코코넛 버터, 코코넛 오일, 물, 민트,
  천일염이 부드러워 질 때까지 분쇄한다.

2 반죽을 조금씩 덜어(1T 크기) 볼을 만들고 초콜릿 코팅을 만드는 동안 냉동한다.

초콜릿 코팅

3 카카오 버터를 중탕으로 녹인다.

4 모든 재료를 잘 섞는다.

트러플

5 민티 트러플을 포크나 꼬치를 이용하여 초콜릿 코팅에 담근 후 잠시 냉동보관한다.

RAW FOOD

진저 브레드와 개암 트러플

한 입 베어 물면 진짜 트러플처럼
바로 사르륵 녹아버리는 로푸드 트러플을 연출한다.
개암은 포인트다.

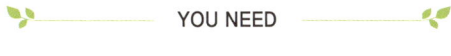

YOU NEED

{ 10 ~ 12개 }

반건시 2C • 코코넛 오일 1/4C(melt) • 카카오 가루 1/4C
아가베 시럽 약간 • 아마씨 2T(ground) • 바닐라 엑기스 1T
진저 브레드 티백 3개 • 천일염 약간 • 개암 1/2C • 카카오 가루 약간(코팅용)

HOW TO MAKE

1 푸드 프로세서로 반건시, 코코넛 오일, 카카오 가루, 아가베 시럽, 아
  마씨, 바닐라 엑기스, 진저 브레드 티백(내용물), 천일염에 물을 조금
  씩 추가하며 잘 뭉쳐지도록 반죽하고 볼에 담는다.

2 푸드 프로세서로 개암을 곱게 다져 볼에 추가하고 잘 섞어 냉동실에
  1시간 동안 보관한다.

3 반죽을 조금씩 덜어서 볼을 빚고 카카오 가루로 코팅한다.

생강 그리고 계피 볼

몸과 마음이 추울 때는 생강과 그리고 계피를 사용하면 좋다.
스피드 에너지 부스터가 되어 줄 것이다.

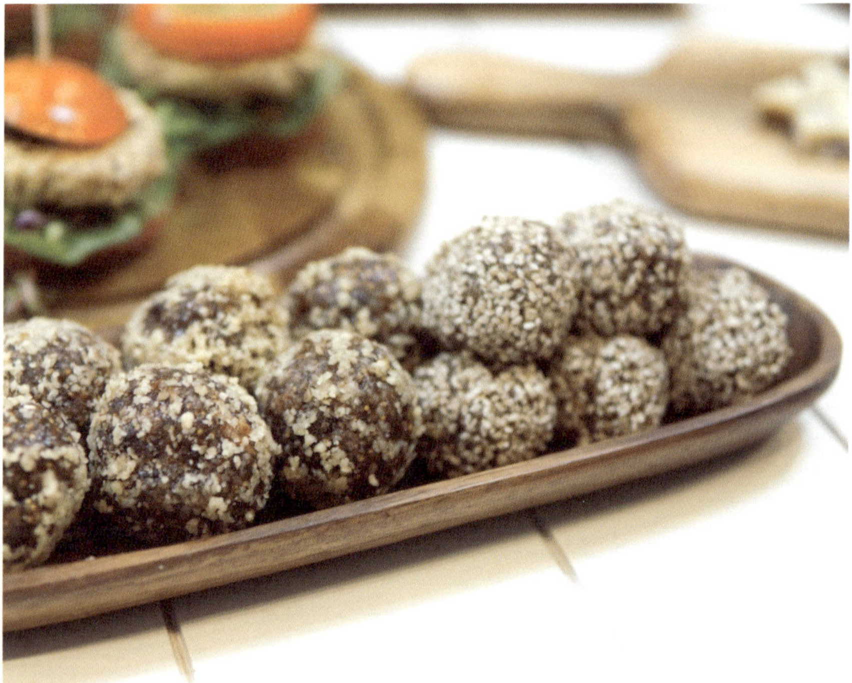

YOU NEED

{ 10 ~ 12개 }

호두 1/2C • 반건시 2개
건무화과 4개 • 건포도 1/2C
생강 1쪽 • 시나몬 가루 1/2T
라임 1/2개
다진 호두(for rolling)

HOW TO MAKE

1 푸드 프로세서로 호두를 분쇄한다.

2 나머지 재료를 모두 넣고 분쇄하여 잘 뭉쳐지
　 도록 반죽한다.

3 볼을 빚고 다진 호두에 굴려 코팅한다.

RAW FOOD

라임과 코코넛을 품은 캐슈볼

기운이 없어 쳐진다면 라임의 힘을 빌려 컨디션을 회복하자.
즉시 생기가 돌 것이다.

YOU NEED

{ 6~8개 }

캐슈넛 1C
건포도 1/2C
천일염 약간
레몬즙 또는 라임즙 1T
코코넛 채

HOW TO MAKE

1 푸드 프로세서로 캐슈넛을 거칠게 간다.

2 건포도를 추가하고 반죽이 잘 뭉쳐지도록 반
죽한다.

3 천일염, 레몬즙을 추가하고 다시 한 번 반죽한다.

4 볼을 빚어서 코코넛 채에 굴린다.

RAW FOOD

츄잉 시나몬 도넛 홀

간단한 간식으로 유혹을 이겨내기 위한
달콤하고 바삭바삭하면서 촉촉하며 계피향까지 향기로운 도넛 홀이다.

YOU NEED

{ 6 ~ 8개 }

도넛 홀

아몬드 1/2C • 코코넛 채 1/4C • 실론 시나몬 가루 1/2T
카다몬 가루 약간 • 천일염 약간 • 반건시 3개 • 바닐라 엑기스 1/2t

글레이즈

코코넛 오일 1T(melt) • 아가베 시럽 1T • 실론 시나몬 가루 약간

HOW TO MAKE

도넛 홀

1 푸드 프로세서로 아몬드, 코코넛 채, 실론 시나몬 가루, 카다몬 가루,
천일염을 분쇄한다.

2 반건시와 바닐라 엑기스를 추가하고 잘 뭉쳐지도록 반죽한다.

3 반죽을 조금씩 덜어서 도넛 홀을 빚어서 냉동보관한다.

글레이즈

4 작은 볼에 코코넛 오일, 아가베 시럽, 실론 시나몬 가루를 잘 섞는다.

5 냉동실에서 도넛 홀을 꺼내서 글레이즈로 코팅 후 냉동보관한다.

RAW FOOD

칠리 콘칩

높은 온도의 기름에서 튀겨내는 콘칩은 영양적으로는 제로에 가깝다.
영양이 살아있는 생 콘칩은 생 옥수수를 이용해 만들 수 있다.

YOU NEED

{ 35 ~ 40개 }

얼린 옥수수알 1C • 쥬키니 호박 1C
노랑 파프리카 1C • 다진 양파 1/3C • 캐슈넛 1/4C(soaked)
레몬 1/2개 • 천일염 약간 • 큐민 가루 약간 • 고춧가루 1t • 아마씨 1/4C(ground)
청키 토마토 살사(238쪽)

HOW TO MAKE

1 푸드 프로세서로 얼린 옥수수알, 껍질 벗긴 쥬키니 호박, 노랑 파프리카, 다진
양파, 캐슈넛, 레몬즙, 천일염, 큐민 가루, 고춧가루, 아마씨 가루를 분쇄하여 반
죽한다.

2 식품 건조기 트레이에 테프론 시트를 깔고 반죽을 조금씩 덜어 둥근 모양으로
얇게 깐다.

3 나초 위에 천일염을 조금씩 뿌린다. 이때 치즈맛을 원하면 영양 효모를 뿌린다.

4 식품 건조기에서 6시간 정도 바삭하게 건조한다.

5 청키 토마토 살사와 함께 먹는다.

TIP 큐민(cumin)은 중동요리에서 자주 사용되는 향신료로 맵고 자극적인 향을 낸
다. 다른 향을 모두 감출 정도로 강한 향을 내기 때문에 조금씩 첨가하여 채소의 풋
내 등을 감추는데 사용한다.

RAW FOOD

훈제 파프리카 아보카도 프라이

로푸드 아보카도 튀김은
겉은 바삭하고 속은 촉촉하며 풍미가 깊다.
초콜릿 트러플처럼 부드러운 아보카도 프라이를
따뜻하게 즐길 수 있다.

 **YOU NEED**

{ 2 ~ 3인분 }

캐슈넛 1/2C • 아마씨 1/4C(ground)
훈제 파프리카 가루 1t • 천일염 1t • 흑후추 1/2t
영양 효모 1t • 아보카도 2개 • 치폴레 라임 소스(240쪽)

 HOW TO MAKE

1 푸드 프로세서로 캐슈넛을 곱게 분쇄한다.

2 아마씨, 훈제 파프리카 가루, 천일염, 흑후추, 영양 효
모를 추가하고 혼합하여 빵가루를 만든다.

3 아보카도 과육을 0.7cm 굵기로 자른다.

4 아보카노 슬라이스에 빵가루를 코팅한다.

5 식품 건조기에서 2~4시간 건조한다.

6 치폴레 라임 소스와 함께 먹는다.

RAW FOOD

썬데이 모닝 초콜릿 도넛

초콜릿을 사랑하는 연인이 있다면
고민하지 말고 썬데이 모닝 초콜릿 도넛을 선물해 보자.
부드러운 퍼지 케이크 같은 식감이 초콜릿 가나슈와 함께 감동을 줄 것이다.

YOU NEED

{ 4 ~ 5개 }

아몬드 1/2C • 피칸 1/2C • 천일염 1꼬집
인스턴트 커피 1t(optional) • 코코넛 채 1/4C • 롤드 오트밀 1/4C
카카오 가루 1/4C • 반건시 2개 • 아가베 시럽 1T
초콜릿 가나슈 프로스팅(226쪽)

HOW TO MAKE

1 푸드 프로세서로 아몬드와 피칸을 곱게 갈고, 천일염, 인스턴트 커피
도 함께 갈아서 볼에 담는다.

2 푸드 프로세서로 코코넛 채, 롤드 오트밀을 곱게 갈고, 볼에 담아둔
재료를 다시 푸드 프로세서에 담아 카카오 가루와 함께 잘 혼합한다.

3 반건시, 아가베 시럽을 넣고 물을 조금씩 추가하며 잘 뭉쳐질 수 있도
록 반죽한다.

4 반죽을 조금씩 덜어 도넛 모양으로 빚는다.

5 식품 건조기에서 6시간 정도 건조한다.

6 초콜릿 가나슈 프로스팅으로 코팅한다.

RAW FOOD

더블 초콜릿 케이크 도넛

사랑하는 사람을 위해 진한 초콜릿을 품은 도넛을 만들자.
커피, 차, 또는 로푸드 밀크와 잘 어울리는 티타임을 선물할 것이다.

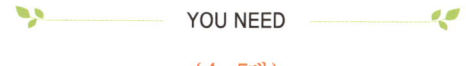

YOU NEED

{ 4 ~ 5개 }

오트밀 1/2C(ground) • 아마씨 2T(ground) • 카카오 가루 1/8C+1/2T
코코넛 채 2T • 천일염 약간 • 아몬드 펄프 1C(201쪽)
켈프 페이스트 1/4C(230쪽) • 아가베 시럽 1T • 반건시 반죽 2T(231쪽)
레몬 1/2개 • 초콜릿 가나슈 프로스팅(226쪽) • 햄프씨드 약간

HOW TO MAKE

1 푸드 프로세서로 오트밀, 아마씨, 카카오 가루, 코코넛 채, 천일염을
  혼합한다.

2 아몬드 펄프, 켈프 페이스트, 아가베 시럽, 반건시 반죽, 레몬즙을 넣
  고 물을 조금씩 추가하며 잘 문쳐지도록 반죽한다.

3 반죽을 조금씩 떠서 도넛 모양을 만들고 식품 건조기 45도 온도에서
  2~6시간 건조한다.

4 초콜릿 가나슈 프로스팅, 햄프씨드로 가니쉬한다.

RAW FOOD

레드벨벳 도넛

비트의 강렬한 색을 이용하여 레드벨벳을 닮은 도넛을 만들자.
비트의 촉촉함과 아삭함으로 독특한 맛을 즐길 수 있다.

 YOU NEED

{ 4 ~ 5개 }

비트 1C • 반건시 1C • 아가베 시럽 2T
카카오 버터 2T (melt) • 레몬 1/2개 • 바닐라 엑스트렉 1/2t
카카오 가루 2T • 천일염 약간 • 아몬드 펄프 2C(201쪽)
핑크 프로스팅(227쪽)

HOW TO MAKE

1 푸드 프로세서로 비트를 가늘게 분쇄한다.

2 반건시, 아가베 시럽을 추가하고 분쇄한다.

3 카카오 버터, 레몬즙, 바닐라 엑스트렉을 추가하고 분쇄한다.

4 카카오 가루, 천일염을 추가하고 잘 뭉쳐지도록 반죽하고 반죽을 볼에 옮긴다.

5 볼에 아몬드 펄프를 추가하고 손으로 잘 섞는다.

6 반죽을 조금씩 덜어 도넛 모양을 만들고 식품 건조기에서 2~6시간 건조한다.

7 핑크 프로스팅으로 코팅한다.

초콜릿 아몬드 엠파나다

빵 반죽 속에 다양한 속 재료를 넣고 반으로 접어 굽거나 튀기는
엠파나다를 로푸드로 즐길 수 있다. 로푸드에서 메뉴의 한계는 없다.
고기대신 넛버터를 가득 채운 초콜릿 엠파나다다.

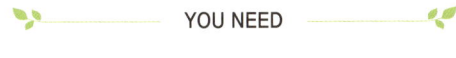

YOU NEED

{ 5 ~ 6개 }

아몬드 1과 1/4C(ground) • 아마씨 1/4C(ground)
카카오 가루 1/4C • 천일염 약간 • 올리브 오일 1T
아가베 시럽 1T • 아몬드 버터 1/2C(222쪽)

HOW TO MAKE

1 푸드 프로세서로 아몬드, 아마씨, 카카오 가루, 천일염을 혼합한다.

2 올리브 오일, 아가베 시럽을 추가하고 물을 조금씩 첨가하며 푸드
프로세서로 잘 섞이도록 반죽한다.

3 반죽을 2T씩 떠서 볼을 만들고 손으로 눌러 납작하게 만든다.

4 아몬드 버터를 2t씩 떠서 엠파나다 반죽에 올리고, 반죽을 반으로
접어 포크 등으로 모서리를 눌러 고정시킨다.

5 식품 건조기에서 겉은 바삭하고 속은 촉촉한 상태가 될 때까지 건
조한다.

TIP 고소한 맛을 내는 아마씨(flax seed)는 로푸드의 맛을 더해줄 뿐만
아니라 물을 만나면 찐득찐득해 지는 성질로 재료들이 서로 잘 붙게 해주
는 역할을 한다.

RAW FOOD

펌킨 스파이스 시나몬 롤

저렴한 가격과 쉽게 구할 수 있는 장점 때문에
저평가를 받는 바나나를 이용하면 놀라운 로푸드의 세계를 경험할 수 있다.

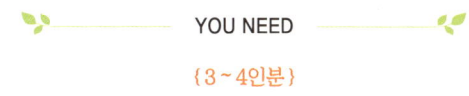

YOU NEED

{ 3 ~ 4인분 }

랩
바나나 6개 • 치아씨 1/4C • 실리움 허스크 1T • 천일염 1/4t

필링
펌킨 진저 프로스팅 1과 1/2C(228쪽) • 건포도 또는 건크랜베리 2~4T
생강 가루 2T • 시나몬 가루 약간 • 다진 호두 약간

HOW TO MAKE

1 푸드 프로세서로 바나나, 치아씨, 실리움 허스크, 천일염을 부드럽게 갈아 퓨레 상태로
  만든다. 15분간 휴지시킨다.

2 식품 건조기 트레이에 테프론 시트를 깔고 반죽을 얇게 깔고, 8시간 이상 건조한다.

3 바나나 랩 아래에 비닐 랩을 깔고, 펌킨 진저 프로스팅을 모서리 자리를 남기고 랩에
  바른 후, 건포도, 생강 가루, 시나몬 가루, 다진 호두를 토핑한다.

4 비닐 랩을 들어 바나나 랩을 꼼꼼하게 말아서 냉장고에서 1~2시간 굳힌다.

5 프로스팅에 물을 조금 섞어 롤 위에 얹고 시나몬, 다진 호두 등으로 토핑한다.

TIP 채소, 과일, 해조류 등에 많이 들어있는 식이섬유인 실리움 허스크(psyllium husk)는 물
을 만나면 몽글몽글해지는 성질이 있어 모든 재료가 잘 붙게 해주는 역할을 한다. 랩처럼 유
연한 질감을 표현할 때 사용한다.

RAW FOOD

단호박 아이스크림 케이크

아이스크림 머신이 없어도 아이스크림 케이크를 만들 수 있다.
단호박으로 파티의 주인공이 되자.

YOU NEED

{ 미니 케이크 팬 }

크러스트
피칸 1/4C • 반건시 1/4C • 시나몬 가루 1/2t • 천일염 약간

단호박 필링
단호박 1C • 코코넛 과육 1/4C • 아몬드 버터 1T(222쪽)
코코넛 오일 1과 1/2T(melt) • 아가베 시럽 약간 • 레몬 1/2개
펌킨 스파이스 2/3t

초콜릿 가나슈 프로스팅(226쪽)

HOW TO MAKE

크러스트

1 푸드 프로세서로 피칸, 시나몬 가루, 천일염을 분쇄한다.

2 반건시를 넣고 잘 뭉쳐질 수 있도록 반죽한다.

3 케이크 팬 바닥에 크러스트 반죽을 꼼꼼하게 깐다.

단호박 필링

4 고속 블렌더로 단호박에 물을 조금씩 첨가하며 곱게 분쇄한다.

5 코코넛 과육, 아몬드 버터, 아가베 시럽, 레몬, 펌킨 스파이스를 넣고
곱게 간다.

6 코코넛 오일을 넣고 다시 곱게 간다.

7 초콜릿 가나슈 프로스팅을 만드는 동안 필링을 냉장보관한다.

8 케이크 팬에 단호박 필링을 붓고 초콜릿 가나슈 프로스팅으로 마블
링을 표현하고 4시간 이상 냉동보관한다.

RAW FOOD

타히니 캐러멜 아이스크림

아주 부드럽고 캐러멜 향이 가득한 아이스크림을 만들 수 있다.
건과일과 레시틴은 맛을 더해주는 비밀의 재료다.

YOU NEED

{ 3~4인분 }

캐슈넛 1C(soaked) • 반건시 1C(soaked)
코코넛 밀크 1과 1/2C(raw or canned)(204쪽)
코코넛 오일 1/2C(melt) • 로타히니 1과 1/2T(237쪽) • 아가베 시럽 약간
물 약간 • 천일염 약간 • 썬플라워 레시틴 1T • 말린 오디 1/2C

HOW TO MAKE

미리 준비할 것

1 말린 오디를 세척 후 얼린다.

단호박 필링

2 고속 블렌더로 캐슈넛, 반건시, 코코넛 밀크, 코코넛 오일,
   로타히니, 아가베 시럽, 물, 천일염, 썬플라워 레시틴을 곱
   게 간다.

3 냉동실에서 반죽을 1시간 동안 얼린다.

4 냉동된 반죽에 얼린 말린 오디를 섞는다.

5 서빙 10~15분 전 해동한다.

RAW FOOD

스트로베리 발사믹 발효 아이스크림

냉장고에서 딸기가 익어가고 있다면
스트로베리 발사믹 발효 아이스크림을 만들자.
잘 익은 딸기를 사용할수록 부드럽고 깊은 맛을 낼 수 있다.

YOU NEED

{ 3~4인분 }

캐슈넛 2C(soaked) • 딸기 3C
아몬드 밀크 1C(201쪽) • 아가베 시럽 2T
발사믹 식초 3T(not raw)
천일염 약간

HOW TO MAKE

1 고속 블렌더로 딸기 1C, 발사믹 식초를 곱게 갈아서 딸기
소스를 만들고 볼에 담아 냉장보관한다.

2 고속 블렌더로 캐슈넛, 아몬드 밀크, 아가베 시럽, 천일염
을 곱게 간다.

3 2에 딸기 2C를 넣고 곱게 간 후 1시간 정도 냉동한다.

4 냉동된 아이스크림 위에 1에서 만든 딸기 소스를 부어 마
블링을 표현한 후 다시 냉동한다.

RAW FOOD

블랙베리 아이스크림

독특한 맛과 향이 나는 베리를 아이스크림 재료로 써보자.
달콤하고 톡 쏘는 와인 맛이 나는 블랙베리를 이용하면 이국적인 느낌의 맛을 낼 수 있다.

YOU NEED

{ 3~4인분 }

캐슈넛 2C(soaked)
냉동 블랙베리 3C
아몬드 밀크 1C(201쪽)
아가베 시럽 3T
레몬 1/2개

HOW TO MAKE

고속 블렌더로 모든 재료를 부드럽게 갈고 3시간 이상 냉동한다.

RAW FOOD

오렌지 아이스롤리

일 년 내내 즐길 수 있으며, 부드러우면서 새콤하고
특히나 여름에 즐기기에는 최고의 아이스크림이다.

YOU NEED

{ 3~4인분 }

오렌지 2개
영 코코넛 미트 1과 1/2C
아가베 시럽 1t
오렌지 엑스트렉 1/4t
바닐라 엑기스 1/2t

HOW TO MAKE

고속 블렌더로 모든 재료를 부드럽게 갈고 몰
드에 채워 3시간 이상 냉동한다.

RAW FOOD

블루베리 라벤더 발효 팝

블루베리, 라벤더 그리고 코코넛의 맛을 각각 느낄 수 있으면서
그들의 조합도 함께 즐길 수 있다. 라벤더는 차가워지면 더 좋은 향을 낼 수 있다.

YOU NEED

{ 3~4인분 }

블루베리 2C
그릭 노거트 1C(193쪽)
코코넛 버터 1/2C(melt)
아가베 시럽 2T
라벤더꽃 1/4t(ground)
바닐라 엑스트렉 1/2t • 천일염 약간

HOW TO MAKE

고속 블렌더로 모든 재료를 부드럽게 갈고 몰
드에 채워 3시간 이상 냉동한다.

RAW FOOD

말린 과일

잘 익은 과일을 건조시키면 달라진 식감과 맛으로
다른 메뉴를 즐길 수 있고 보관도 쉬워진다.
사과, 키위를 잘 건조시켜 보관해두고 주전부리나 차로 즐길 수 있다.

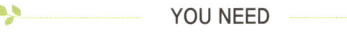

YOU NEED

사과 • 키위 • 파인애플 • 레몬 등

HOW TO MAKE

1 잘 익은 과일을 세척한다.

2 사과, 레몬 등의 씨와 껍질(optional)을 제거한다.

3 7~15mm 두께로 일정하게 슬라이스 한다.

4 식품 건조기 트레이에 과일 슬라이스를 올리고 12시
간 이상 건조한다.

RAW FOOD

따뜻한 토마토

생 토마토와 건조 토마토는 서로 다른 맛과 식감을 보여준다.
따뜻한 토마토로 오늘 디너의 품격을 한층 더 높일 수 있다.

YOU NEED

토마토 3개
올리브 오일 3T
발사믹 식초 1과 1/2T(not raw)
마늘 1쪽
다진 바질 2T
다진 로즈마리 1T
천일염 약간

HOW TO MAKE

1 볼에 올리브 오일, 발사믹 식초, 마늘, 다진 바
　질, 다진 로즈마리를 넣고 잘 섞는다.

2 토마토를 0.5~1.0cm 두께로 슬라이스한 후
　소스에 절인다

3 식품 건조기 트레이에 테프론 시트를 깔고 토
　마토를 올린 후 4~5시간 건조한다.

RAW FOOD

바나나 망고 레더

오직 바나나, 망고 두 가지 재료만으로 쫀득한 주전부리를 만들 수 있다.
잘 익은 망고와 바나나를 선택하는 것이 포인트다.

YOU NEED

망고 2개(peeled)
바나나 1개(peeled)
아가베 시럽 1T

HOW TO MAKE

1 푸드 프로세서나 고속 블렌더로 모든 재료를
  갈아서 퓨레를 만든다.

2 식품 건조기 트레이에 테프론 시트를 깔고
  퓨레를 얇게 펼친 후 16시간 이상 건조한다.

RAW FOOD

바닐라 체리 레더

체리가 나는 계절에는 체리의 매력을 한껏 살려 다양하게 만들 수 있다.
바닐라의 풍미까지 함께 하면 누구에게나 사랑받을 것이다.

YOU NEED

체리 2와 1/2C(pitted)
바닐라 엑스트렉 1/2T
레몬즙 1/2개

HOW TO MAKE

1 푸드 프로세서나 고속 블렌더로 모든 재료를
 퓨레 상태로 만든다.

2 식품 건조기 트레이에 테프론 시트를 깔고
 반죽을 얇게 펼친 후 8시간 이상 건조한다.

RAW FOOD

바나나 피치 레더

많이 익은 바나나와 복숭아는 시장에서는 환영 받지 못하는 상품이지만 과일 레더를 만들 때는 완벽한 재료가 된다. 바나나와 복숭아가 많이 익었다면 바로 과일 레더로 만들자.

YOU NEED

복숭아 3C
바나나 1개
실론 시나몬 약간
스테비아 약간

HOW TO MAKE

1 푸드 프로세서로 모든 재료를 분쇄하여 퓌레 상태로 만든다.

2 식품 건조기 트레이에 테프론 시트를 깔고 반죽을 얇게 펼친 후 8시간 이상 건조한다.

RAW FOOD

바나나 스트로베리 코코넛 레더

딸기의 계절은 짧다. 짧은 기간동안 만날 수 있는 딸기로 아이들과
어른들이 모두 좋아할 수 있는 과일 레더를 만들자.

YOU NEED

바나나 1개 • 딸기 2와 1/2C
치아씨 1T(ground)
아가베 시럽 약간(optional)
코코넛 채 2T
딸기 슬라이스(optional)

HOW TO MAKE

1 푸드 프로세서로 바나나, 딸기, 치아씨, 아가
  베 시럽을 퓨레 상태로 분쇄한다.

2 식품 건조기 트레이에 테프론 시트를 깔고
  반죽을 얇게 편다.

3 코코넛 채, 딸기 슬라이스로 가니쉬한다.

4 45도 온도에서 16시간 이상 건조한다.

썬드라이 토마토

통통하고 싱싱한 토마토를 건조시키면 쫄깃하고 바삭한 식감이 표현된다.
다양한 요리에 포인트로 활용해 보자.

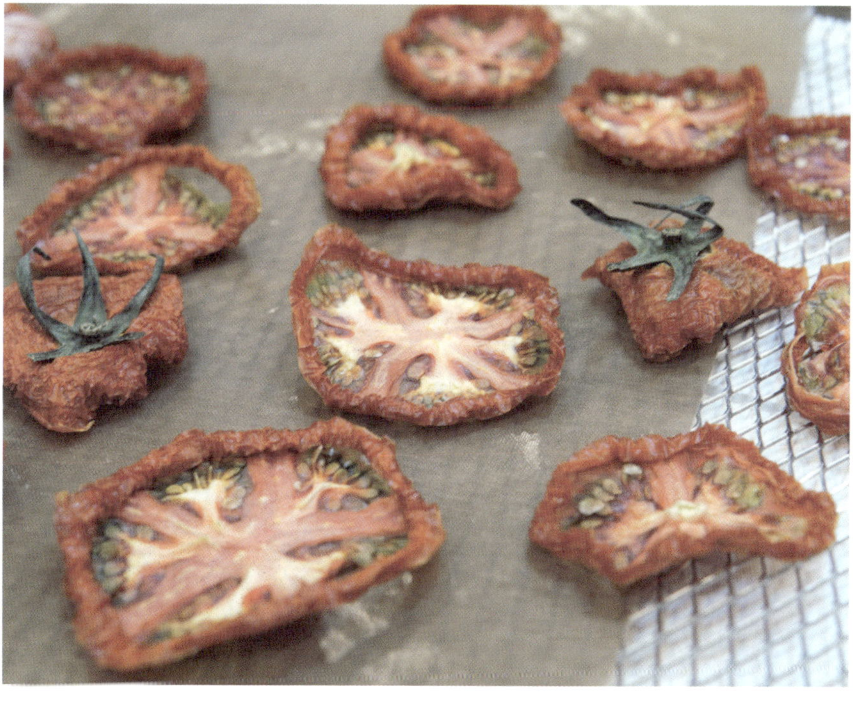

YOU NEED

토마토 2~3개

HOW TO MAKE

1 토마토를 0.5~1.0cm 두께로 슬라이스 한다.

2 식품 건조기에서 8시간 이상 건조한다.

레인보우 파프리카 랩

랩의 필수 조건인 유연성을 표현하기 위해서는
재료의 특성을 잘 파악하는 것이 중요하다.
빨강, 주황, 노랑, 초록, 색깔별 채소로 유연한 랩을 만들 수 있다.

 **YOU NEED**

빨강, 주황, 노랑 파프리카 3개 • 쥬키니 호박 1개
아보카도 1/2개 • 실리움 허스크 1과 1/2T • 이탈리안 시즈닝 1/2T+1t
양파 가루 1/2t • 천일염 약간 • 후추 약간

 **HOW TO MAKE**

1 파프리카 씨와 줄기를 제거한다.

2 쥬키니 호박 껍질을 제거한다.

3 고속 블렌더로 파프리카, 쥬키니 호박, 아보카도에 물을 조금씩 첨가하면서
부드럽게 간다.

4 실리움 허스크, 이탈리아 시즈닝, 양파 가루, 천일염, 후추를 추가하고 간다.

5 식품 건조기 트레이에 테프론 시트를 깔고 반죽을 얇게 펼친 후 5~6시간 건
조한다.

RAW FOOD

츄잉 피치 시리얼

여름이 다가오면 복숭아를 이용하여 시리얼을 만들자.
보통의 바삭바삭한 시리얼 대신 부드러운 시리얼 맛을 느낄 수 있다.

YOU NEED

{ 3 ~ 4인분 }

피칸 3/4C(soaked) • 복숭아 1C • 롤드 오트밀 1C(soaked)
코코넛 채 1/2C • 코코넛 오일 1T(melt) • 코코넛 설탕 2T
실론 시나몬 가루 1t • 천일염 약간 • 넛맥 약간 • 바닐라 엑기스 1/2t

HOW TO MAKE

1 푸드 프로세서로 피칸, 복숭아를 다진다.

2 큰 볼에 롤드 오트밀, 피칸, 코코넛 채, 복숭아를 담는다.

3 작은 볼에 코코넛 오일, 코코넛 설탕, 실론 시나몬 가루, 천일염, 넛맥, 바닐라 엑기스를
잘 섞고 큰 볼에 부어 잘 섞는다.

4 식품 건조기 트레이에 테프론 시트를 깔고 반죽을 얇게 펼친 후 16시간 이상 건조한다.

RAW FOOD

오렌지 시나몬 그래놀라

중요한 일정이 있다면 오렌지로 아침을 화사하게 시작하자.
오렌지처럼 상큼함 하루가 될 것이다.

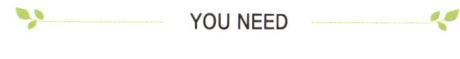

YOU NEED

{ 3 ~ 4인분 }

롤드 오트밀 1C(soaked) • 건포도 1/2C • 햄프씨드 1/4C
해바라기씨 2T(soaked) • 아마씨 2T(soaked) • 호박씨 2T(soaked)
코코넛 채 2T • 오렌지 1/2개 • 아가베 시럽 1T • 코코넛 오일 1T(melt)
바닐라 엑기스 약간 • 오렌지 엑스트렉 약간 • 실론 시나몬 가루 1/4t • 천일염 약간

HOW TO MAKE

1 볼에 롤드 오트밀, 건포도, 햄프씨드, 해바라기씨, 아마씨, 호박씨, 코코넛 채를 넣는다.

2 다른 볼에 나머지 재료를 모두 넣고 잘 혼합하여 1에 잘 섞는다.

3 식품 건조기 트레이에 테프론 시트를 깔고 반죽을 펼쳐 바르고 16~24시간 정도 건조
한다.

RAW FOOD

시리얼 배와 계피

아침 식사로 시리얼을 마다할 사람은 없을 것이다.
날씨가 쌀쌀해지고 겨울이 다가올 때
잘 익은 배로 만든 시리얼은 아침 식사로 좋다.

YOU NEED

{ 3 ~ 4인분 }

배 2C • 아몬드 버터 1/2C(222쪽) • 아가베 시럽 1T
코코넛 오일 1T(melt) • 시나몬 가루 3/4t • 천일염 약간
롤드 오트밀 2C(soaked) • 건포도 1/2C • 코코넛 채 1/2C

HOW TO MAKE

1 푸드 프로세서로 배를 다진다.

2 아몬드 버터, 아가베 시럽, 코코넛 오일, 시나몬 가루, 천일염을 추가하여 분쇄하고 반죽을 볼에 담는다.

3 볼에 롤드 오트밀, 건포도, 코코넛 채를 추가하여 잘 섞는다.

4 식품 건조기 트레이에 테프론 시트를 깔고 반죽을 얇게 펴 바르고 8~10시간 동안 건조한다.

RAW FOOD

무화과와 배 그래놀라

무화과, 배, 시나몬의 조합은 환상적이다.
무화과와 배로 바삭바삭한 그래놀라를 만들어
사계절 내내 즐길 수 있다.

 **YOU NEED**

{ 3 ~ 4인분 }

롤드 오트밀 1C(soaked) • 아몬드 1C(soaked)
개암 1C • 건무화과 10개 • 배 1과 1/2C • 반건시 반죽 2T(231쪽)
아가베 시럽 약간 • 시나몬 가루 1t • 천일염 1/2t

 **HOW TO MAKE**

1 푸드 프로세서로 롤드 오트밀과 아몬드, 개암을 잘게 분쇄
한다.

2 건무화과, 배, 반건시 반죽, 아가베 시럽, 시나몬 가루, 천
일염을 추가하고 잘 뭉쳐질 때까지 반죽한다.

3 식품 건조기 트레이에 테프론 시트를 깔고 반죽을 얇게 펴
바르고 16~24시간 건조한다.

RAW FOOD

아몬드 바나나 넛 클러스터

하루 종일 스낵이 필요한 사람을 위한 로푸드다.
식감은 취향에 따라 부드럽게 또는 쫄깃하게
혹은 바삭바삭하게 만들자.

 **YOU NEED**

{ 3 ~ 4인분 }

아몬드 3/4C(soaked) • 피칸 1/2C(soaked) • 롤드 오트밀 1/2C(soaked)
호두 1/4C(soaked) • 건포도 1/2C • 햄프씨드 1/4C
말린 바나나 125g(rehydrated) • 아가베 시럽 2T • 아몬드 버터 1/4C(222쪽)
실론 시나몬 가루 1/4t • 천일염 약간 • 반건시 1개

 **HOW TO MAKE**

1 아몬드, 피칸, 롤드 오트밀, 호두의 수분을 제거하고 건포도, 햄프씨드와 함께 볼에 담는다.

2 푸드 프로세서로 말린 바나나, 아가베 시럽, 아몬드 버터, 실론 시나몬 가루, 천일염, 반건시를 부드럽게 반죽하고 1과 잘 섞는다.

3 식품 건조기에 트레이에 테프론 시트를 깔고 반죽을 평평하게 펼친 후 4시간 이상 건조한다.

RAW FOOD

피스타치오 진저 뮤즐리

피스타치오의 고소함으로 뮤즐리의 풍미를 더하고
바삭바삭함과 영양까지 함께 선물하자.
사랑하는 사람을 위한 선물로도 좋다.

 **YOU NEED**

{ 3 ~ 4인분 }

롤드 오트밀 2와 1/2C(soaked) • 메밀 1C(soaked)
피스타치오 1C • 건포도 1C • 말린 생강 1/2C
반건시 반죽 1/2C(231쪽) • 올리브 오일 1/4C • 물 약간
실리움 허스크 2T • 천일염 약간 • 실론 시나몬 가루 1/2t
흑후추 1/2t • 올스파이스 1/4t

 **HOW TO MAKE**

1 푸드 프로세서로 피스타치오를 곱게 다진다.

2 볼에 모든 재료를 넣고 잘 섞는다.

3 식품 건조기 트레이에 테프론 시트를 깔고 뮤즐리 반죽을
 얇게 깔고 8시간 이상 건조한다.

RAW FOOD

하비스트 뮤즐리

살갗에 닿는 풀의 느낌이 까슬거리고,
햇볕과 공기의 느낌이 달라지는 계절이 찾아오면
하비스트 뮤즐리를 먹는 계절이 온 것이다.

 **YOU NEED**

{ 3 ~ 4인분 }

롤드 오트밀 2C(soaked) • 펌킨 퓨레 1/2C(241쪽)
건고지베리 1/2C(soaked) • 건포도 1/4C • 아몬드 1/4C(soaked)
코코넛 채 1/4C • 호박씨 2T(soaked) • 아가베 시럽 1T • 바닐라 엑기스 약간
실론 시나몬 가루 1/2t • 넛맥 가루 약간 • 생강 가루 약간 • 천일염 약간

 **HOW TO MAKE**

1 물에 불린 롤드 오트밀의 물기를 제거한다.

2 푸드 프로세서로 아몬드, 호박씨를 곱게 분쇄한다.

3 볼에 모든 채료를 넣고 잘 섞는다.

4 식품 건조기 트레이에 테프론 시트를 깔고 반죽을
  얇게 펴고, 16시간 이상 건조한다.

RAW FOOD

오렌지 무화과 뮤즐리

단잠을 깨고 싶을 만큼 매력적인 아침 식사로 좋다.
오렌지 무화과 뮤즐리는 자리에서
나올 수 있을 만큼의 충분한 매력이 있다.

YOU NEED

{ 3 ~ 4인분 }

롤드 오트밀 2C(soaked) • 개암 1C(soaked)
발아 퀴노아 1C • 다진 건무화과 2개 • 건무화과 1/2C(soaked)
오렌지 1개 • 아가베 시럽 1T • 치아씨 1T
바닐라 엑스트렉 1t • 실론 시나몬 가루 1/2t • 천일염 약간

HOW TO MAKE

1 볼에 롤드 오트밀, 개암, 발아 퀴노아, 다진 건무화과를 넣고 잘 섞는다.
2 푸드 프로세서로 불린 건무화과, 오렌지 제스트, 오렌지즙, 아가베 시럽, 치아씨, 바닐라 엑스트렉, 실론 시나몬 가루, 천일염을 부드럽게 분쇄한다.
3 식품 건조기 트레이에 테프론 시트를 깔고 반죽을 얇게 깔아 16시간 이상 건조한다.

RAW FOOD

카카오 메밀 시리얼

아침에 쥬스 한 잔으로 뭔가 허전하거나 브런치가 필요할 때는
발아 메밀의 에너지를 품은 시리얼로 시작하면 좋다.

YOU NEED

{ 3~4인분 }

발아 메밀 1과 1/4C • 카카오닙스 1/4C
반건시 반죽 1/4C(231쪽)
아몬드 버터 2T(222쪽)
카카오 가루 2/3T
리퀴드 스테비아 1/2t
천일염 약간

HOW TO MAKE

1 볼에 모든 재료를 넣고 물을 조금씩 추가하
며 잘 뭉쳐지도록 섞으며 반죽한다.

2 식품 건조기 트레이에 테프론 시트를 깔고 시
리얼 반죽을 펴 바르고 8시간 정도 건조한다.

TIP 바나나, 로푸드 밀크 등과 함께 먹는다.

RAW FOOD

코코넛 푸딩

같은 레시피라도 물 양을 어떻게 조절하는가에 따라 코코넛 푸딩이 될 수도 있고, 코코넛 밀크가 될 수 있다. 천연 코코넛 푸딩을 만드는 가장 간단한 방법을 소개한다.

YOU NEED

{ 1 ~ 2인분 }

영 코코넛 미트 1개 분량
아가베 시럽 1T
천일염 약간

HOW TO MAKE

1 고속 블렌더로 영 코코넛 미트, 아가베 시럽, 천일염을 곱게 간다.
2 1시간 이상 냉장보관한다.
3 과일 또는 그래놀라 등으로 토핑한다.

RAW FOOD

망고 실란트로 수프

고수라는 채소에 공포감을 느꼈더라도 망고와 함께라면 맛있게 먹을 수 있다.
고수 특유의 향이 끌어올리는 수프의 매력을 느껴보자.

YOU NEED

〈 2 ~ 3인분 〉

치아씨드 1T
아몬드 밀크 1C(201쪽)
망고 1C • 파인애플 1C
시금치 한 줌 • 고춧가루 약간
고수 한 줌

HOW TO MAKE

1 고속 블렌더에 아몬드 밀크를 붓고 치아씨를
   15분 이상 불린다.

2 망고, 파인애플, 시금치를 넣고 곱게 간다.

3 수프를 그릇에 담고 고춧가루와 고수를 토핑
   한다.

RAW FOOD

그릭 노거트

유제품이 아닌 견과류를 이용해서 발효 요거트를 만들 수 있다.
마법의 재료인 프로바이오틱스로 고소한 요거트를 만들자.

YOU NEED

{ 2 ~ 3인분 }

캐슈넛 1과 1/2C(soaked)
아가베 시럽 1T
바닐라 엑스트렉 1/2T
프로바이오틱스 가루 1/4t
물 1C

HOW TO MAKE

1 고속 블렌더로 캐슈넛, 아가베 시럽, 바닐라
엑스트렉, 프로바이오틱스 가루, 물을 3분 이
상 곱게 갈고 유리병에 담는다.

2 면보로 유리병을 덮고 어두운 곳에서
24~48시간 발효한다.

3 요거트 냄새가 나고 발효가 되면 위아래로
섞어준 후 밀폐용기에 담아 냉장보관한다.

RAW FOOD

샤프란 카다몬 요거트

발효를 거칠 필요 없이 바로 먹을 수 있는 요거트다.
향신료 중 가장 비싼 샤프란으로 풍미를 살릴 수 있다.

 **YOU NEED**

{ 1 ~ 2인분 }

요거트
샤프란 1꼬집 • 실리움 허스크 1/2t • 캐슈넛 1C(soaked)
레몬 1/2개 • 아가베 시럽 1T • 바닐라 빈 1/2개
반건시 1개 • 카다몬 가루 1/4t

토핑
아가베 시럽 • 건포도 • 피스타치오 등

 HOW TO MAKE

1 샤프란을 물 1/4C에 불린다.

2 실리움 허스크를 물 1/2C에 녹인다.

3 고속 블렌더로 캐슈넛, 레몬즙, 아가베 시럽, 바닐라 빈, 반
  건시, 카다몬 가루에 물을 조금씩 추가하며 부드럽게 간다.

4 물에 녹인 실리움 허스크를 추가하고 간다.

5 요거트를 볼에 옮기고 물에 불린 샤프란을 건져 요거트와
  잘 섞는다. 샤프란 불린 물로 농도를 조절한다.

6 바로 먹거나 1시간 동안 냉장보관한 후 아가베 시럽, 건포
  도, 피스타치오 등으로 토핑한다.

BEVERAGES

RAW FOOD

영 코코넛 워터

부드럽고 달콤한 열대 과일 영 코코넛. 인위적인 스포츠 음료가 아닌
천연 영 코코넛 워터는 전해질의 농도가 혈액과 비슷하여 몸의 흡수가 아주 빠르다.

YOU NEED

영 코코넛 1개

HOW TO MAKE

1 영 코코넛 워터의 윗부분을 전용 칼이나 망치 또는 톱으로 잘라낸다.

2 빨대를 꽂아 시원하게 마신다.

TIP 영 코코넛 안쪽의 코코넛 미트를 긁어내서 디저트 재료로 활용하면 좋다.

RAW FOOD

라임 쿨러

헤밍웨이가 사랑한 칵테일이라 더욱 유명한 라임 모히또는 뱃사람들이 즐겨 마신다
하여 해적의 술이라고도 한다. 더운 여름날 어울리는 신선한 칵테일이다.

YOU NEED

{ 1~2인분 }

탄산수 1C • 라임 1개
아가베 시럽 1T
애플 민트 1T+1T • 얼음 1C

HOW TO MAKE

1 고속 블렌더로 탄산수, 라임즙, 아가베 시럽,
　민트 잎 1T를 곱게 간다.

2 병의 1/3만큼 얼음을 넣고 음료를 채운다.

3 민트 잎, 라임 슬라이스로 가니쉬한다.

　TIP　서빙 전 미리 만들어 두면 민트 향이 우러
나와 더 깊은 맛을 낼 수 있다.

RAW FOOD

썸머 로맨스 스프리처

가만히 있어도 땀이 나는 여름에는 탄산수를 마시면 좋다.
각종 채소, 과일과 탄산수의 만남은 시원한 피서지로 떠나는 기분을 선물해 줄 것이다.

YOU NEED

{ 1~2인분 }

키위 1C • 오이 1C
레몬 2개 • 각종 과일
민트 1/4C • 얼음 • 탄산수

HOW TO MAKE

1 밀폐 유리 용기에 키위, 오이, 레몬 슬라이스
와 민트를 얼음과 함께 채운다.

2 탄산수를 채우고 재료를 젓는다.

3 뚜껑을 닫고 10분 이상 냉장보관한다.

TIP 시간이 길어질수록 맛은 깊어진다

RAW FOOD

아몬드 밀크

직접 아몬드 밀크를 만들면 간단한 방법으로 첨가물 없이
당도, 농도, 향을 조절할 수 있다

YOU NEED

물 3C • 아몬드 1C(soaked)
천일염 1/4t
썬플라워 레시틴 1T

HOW TO MAKE

1 고속 블렌더로 모든 재료를 30~60초 동안
곱게 간다.
2 면보에 볼을 받치고 밀크를 거른다.

TIP 밀크를 거르고 남은 아몬드 펄프는 다양한
메뉴의 재료로 사용 가능하다.

RAW FOOD

사차인치 밀크

피넛과 비슷한 맛이 나고 외모도 견과류 같지만 사차인치는 씨앗이다.
사차인치로 만든 밀크는 견과류 맛이 나고, 흙 향기가 난다.

YOU NEED

사차인치 1C(soaked)
물 2C
아가베 시럽(optional)
바닐라 엑기스 1t
천일염 약간
썬플라워 레시틴 가루 1T

HOW TO MAKE

1 고속 블렌더로 모든 재료를 2~3분간 곱게
분쇄한다.
2 면보 아래에 볼을 받치고 밀크를 거른다.

아마씨 아몬드 밀크

아마씨 아몬드 밀크는 부드럽고, 가볍고, 상큼하기까지 하다.
또한 건강한 지방, 단백질, 식이섬유까지 다량 함유하고 있다.

YOU NEED

아몬드 1C(soaked)
물 3C
아마씨 2와 1/2T
아가베 시럽(optional)

HOW TO MAKE

1 고속 블렌더로 모든 재료를 30~60초 동안
  곱게 간다.
2 면보에 볼을 받치고 밀크를 거른다.

RAW FOOD

코코넛 밀크

코코넛은 버릴 것이 하나도 없어 신의 음료로 불린다.

코코넛 워터를 시원하게 마신 후 남은 과육을 이용하여 만든 코코넛 밀크를 만들 수 있다.

YOU NEED

영 코코넛 미트 1개 분량
물 3~4C
아가베 시럽 1T
썬플라워 레시틴 1T
천일염 약간

HOW TO MAKE

고속 블렌더로 모든 재료를 곱게 간다.

RAW FOOD

심플 코코넛 밀크

코코넛을 구하기 힘들 때나 시간이 없을 때도 걱정하지 말자.
홈메이드 코코넛 밀크를 만드는데 전혀 문제없을 것이다.

YOU NEED

코코넛 채 2C
미지근한 물 2C(45도 이하)

HOW TO MAKE

1 고속 블렌더로 모든 재료를 간다.
2 면보 밑에 볼을 받치고 밀크를 거른다.

RAW FOOD

스윗 피칸 밀크

호두와는 다른 피칸의 매력을 느낄 수 있다. 함께 첨가되는 레시틴은
영양적으로 뿐만 아니라 밀크의 부드러움 또한 업그레이드 시킨다.

YOU NEED

피칸 1C(soaked)
물 3C • 레시틴 2t
아가베 시럽 1T(optional)

HOW TO MAKE

1 고속 블렌더로 모든 재료를 간다.

2 면보에 볼을 받치고 밀크를 조금씩 부어서
거른다.

TIP 피칸을 오래 불릴수록 더 부드러운 밀크를
만들 수 있다.

타이거 넛츠 밀크

타이거 넛츠는 견과류처럼 생겼지만 당근이나 감자와 같은 뿌리채소다. 견과류나 씨앗이
부담스러울 때 대신 먹으면 군밤 같은 달콤함이 오는 타이거 넛츠로 우유를 만들자.

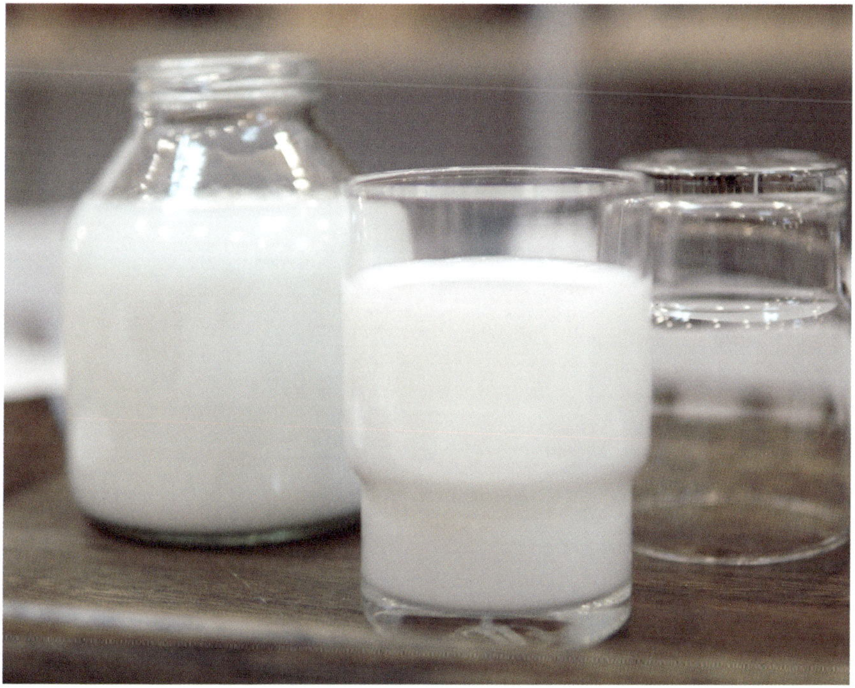

YOU NEED

타이거 넛츠 1C(soaked)
물 3C

HOW TO MAKE

1 고속 블렌더로 타이거 넛츠와 물을 2~3분간
 분쇄한다.
2 면보 아래에 볼을 받치고 타이거 넛츠 밀크
 를 부어 최대한 밀크를 거른다.

05

CONDIMENTS &
DECORATING

RAW FOOD

아몬드 파마산

가장 간단하며 샐러드에 잘 어울리는 로푸드 치즈다.
냉장고에 항상 보관해두고 샐러드 또는 다른 요리에 함께 곁들이면 좋다.

YOU NEED

껍질 벗긴 아몬드 1C
영양 효모 2T
갈릭 가루 1t
천일염 약간

HOW TO MAKE

푸드 프로세서로 아몬드, 영양 효모, 갈릭 가루,
천일염을 아주 곱게 간다.

RAW FOOD

퀵 리코타 스프레드

부드럽고 몽글몽글하고 촉촉한 식감을 가진 리코타 치즈를 빠르고 간단하게 만들자.
피자나 쿠키와도 잘 어울리고, 딸기잼과의 궁합도 좋은 치즈를 만들 수 있다.

YOU NEED

캐슈넛 1C(soaked)
raw 밀크 6T(201~207쪽)
아가베 시럽 1t • 천일염 약간

HOW TO MAKE

푸드 프로세서 또는 고속 블렌더로 모든 재료
를 곱게 간다.

TIP 푸드 프로세서는 덩어리 있는 치즈를, 고속
블렌더는 부드러운 치즈를 만들 수 있다.

RAW FOOD

썬드라이 토마토 치즈 스프레드

24~48시간 가량의 발효시간을 거친
로푸드 치즈는 일반 치즈 못지않은 풍미를 표현한다.
크림 치즈와 같은 식감의 치즈를 만들 수 있다.

 **YOU NEED**

치즈 베이스
캐슈넛 2C(soaked) • 물 1C • 프로바이오틱스 가루 1t

발효 후
천일염 약간 • 영양 효모 2t • 레몬 1/2개 • 바질 1/2C
썬드라이 토마토 1/2C(soaked)(169쪽)

 **HOW TO MAKE**

1 고속 블렌더로 캐슈넛, 물, 프로바이오틱스를 덩어리 없이 부드럽게 간다.

2 면보를 깐 채망 아래에 볼을 받히고 치즈를 부은 후 면보를 덮고 무거운 물건으로 눌러
실온에서 24~48시간 발효한다.

3 발효가 잘 되어 치즈 냄새가 나면 치즈를 볼에 옮기고 천일염, 영양 효모, 레몬즙을 치
즈와 잘 섞는다.

4 바질과 썬드라이 토마토를 다져서 치즈와 잘 섞는다.

214

RAW FOOD

껍질이 살아 있는 브리 치즈

유제품 아닌 치즈를 찾고 있다면 견과류로 만든 치즈를 추천한다.
프로바이오틱스는 로푸드 치즈를 만들 때
필요한 유산균으로 발효를 돕는다.

YOU NEED

캐슈넛 1C(soaked) • 프로바이오틱스 1캡슐
영양 효모 2t • 천일염 약간 • 물 1C

HOW TO MAKE

1차 발효

1 고속 블렌더로 캐슈넛, 프로바이오틱스 가루, 물을 부드럽게 간다.

2 면보를 깐 채망 아래에 볼을 받치고 치즈를 면보에 부어 꼭 감싸고,
무거운 물건으로 치즈를 누른다.

3 볼을 수건으로 덮고 서늘한 곳에서 24~48시간 실온에서 발효한다.

2차 발효

4 1차 발효된 치즈를 볼에 담고 천일염과 영양 효모를 섞는다.

5 케이크 팬 바닥에 비닐을 깔고 치즈를 채운다.

6 냉동실에서 2~3시간 동안 치즈를 얼린다.

7 식품 건조기 트레이에 테프론 시트를 깔고 케이크 팬에서 분리한 치
즈를 24시간 건조한다.

RAW FOOD

로즈마리 크랜베리 크림 치즈

발효를 도와주는 프로바이오틱스,
치즈의 풍미를 살려주는 영양 효모, 달콤함을 더해주는 된장으로
지루할 틈이 없는 깊은 맛의 치즈를 연출할 수 있다.

 **YOU NEED**

캐슈넛 2C(soaked) • 물 1/2C • 레몬 1/2개
아가베 시럽 2T • 영양 효모 1t • 된장 1t • 천일염 약간
메스키트 파우더 1t • 프로바이오틱스 7캡슐
다진 건크랜베리 1/4C • 다진 로즈마리 1t

 HOW TO MAKE

1 고속 블렌더로 캐슈넛, 물, 레몬즙, 아가베 시럽, 영양 효모, 된장, 천
 일염, 메스키트 파우더, 프로바이오틱스를 곱게 간다.

2 치즈를 볼에 담고 면보로 덮어 따뜻한 곳에서 14~16시간 동안 발효
 한다.

3 발효가 되어 치즈 냄새가 나면 다진 건크랜베리와 다진 로즈마리를
 치즈에 잘 섞고 4시간 이상 냉장보관한다.

캐러웨이 딜 치즈

캐러웨이가 치즈 재료로 쓰이면 아주 날카로우면서도
향긋함을 책임지는 재료가 될 수 있다.
영양 효모와의 조합으로 독특한 치즈의 풍미를 느낄 수 있다.

YOU NEED

치즈

물 1/2C • 레몬즙 1T • 간장 2T • 캐슈넛 1/2C(soaked) • 영양 효모 1/4C
캐러웨이씨 2t(ground) • 천일염 약간 • 마늘 가루 1/2t • 양파 가루 1/2t
후추 약간 • 말린 딜 1t • 캐러웨이씨 1t(whole)

한천 젤

따뜻한 물 1C • 한천 가루 1과 1/2T(not raw)

HOW TO MAKE

1 고속 블렌더로 물, 레몬즙, 간장, 캐슈넛, 영양 효모, 캐러웨이씨
(ground), 천일염, 마늘가루, 양파 가루, 후추를 곱게 간다.

2 작은 볼에 따뜻한 물과 한천 가루를 넣고 스푼으로 저어서 완전히
녹을 때까지 5~10분간 식힌다.

3 고속 블렌더에 한천 젤을 조심스럽게 붓고 재빨리 곱게 간다.

4 빠르게 말린 딜과 캐러웨이씨(whole)를 넣고 다시 한 번 곱게 간다.

5 뚜껑을 연 상태로 냉장고에서 열을 식힌다.

6 완전히 열이 식으면 뚜껑을 닫고 냉장보관한다.

RAW FOOD

바닐라 코코넛 휘핑크림

차가운 휘핑크림과 함께 하는 쿠키의 맛은
추억으로 하나쯤 기억하고 있을 것이다.
컵케이크, 쿠키, 브레드를 시원한 휘핑크림과 함께 즐기자.

YOU NEED

캐슈넛 2C(soaked) • 코코넛 밀크 1C(raw or canned)(204쪽)
아가베 시럽 약간 • 레몬 1/2개 • 바닐라 엑스트렉 1/2T
천일염 약간 • 코코넛 오일 1/2C(melt)
썬플라워 레시틴 가루 1T • 아이리쉬 모스 2T

HOW TO MAKE

1 고속 블렌더로 캐슈넛, 코코넛 밀크, 아가베 시럽, 레몬즙, 바닐라 엑
스트렉, 천일염을 부드럽게 간다.

2 코코넛 오일을 추가하고 갈고, 썬플라워 레시틴을 추가하고 갈고, 아
이리쉬 모스를 추가하고 잘 섞이도록 간다.

3 밀폐용기에 담아 원하는 굳기가 나올 때까지 냉동보관한다.

RAW FOOD

아몬드 버터

버터는 우유로 만든다는 편견을 버리자.
담백한 아몬드에 코코넛 오일과 천일염만 더하면
원하는 질감의 고소한 버터를 만들 수 있다.

YOU NEED

아몬드 4C • 코코넛 오일 1/4C • 천일염 1t

HOW TO MAKE

1 물에 불린 후 완전히 건조한 아몬드를 사용한다.

2 아몬드와 천일염을 푸드 프로세서로 1분간 분쇄한다.

3 1분 후, 코코넛 오일을 첨가하고 다시 분쇄한다. 이때 코코넛 오일을 중탕할 필요는 없고, 원하는 질감이 나올 때까지 5~10분간 분쇄한다.

4 주기적으로 푸드 프로세서를 멈추고 컵벽에 붙은 아몬드를 아래로 긁어 모두 곱게 분쇄되도록 한다.

TIP • 아몬드 버터에 절대로 물을 추가하지 않는다.
　　　• 냉장보관으로 굳었을 경우 실온에서 잠시 두어 녹인 후 사용한다.

RAW FOOD

마스카포네 치즈

달콤하고 디저트의 느낌이 크며 버터향이 나고, 풍미가 깊고, 동시에 신선하다. 크림 치즈보다 싸한 맛이 큰 마스카포네 치즈를 크래커, 빵조각, 과일과 함께 즐기면 좋다.

YOU NEED

캐슈넛 2C(soaked) • 물 1/2C
레몬 1/2개
아가베 시럽 약간
영양 효모 1t • 된장 1/2t
천일염 약간
메스키트 가루 1t
프로바이오틱스 7캡슐

HOW TO MAKE

1 고속 블렌더로 모든 재료를 부드럽게 간다.

2 치즈를 볼에 담고 면보로 덮어 실온에서 14~16시간 발효한다.

RAW FOOD

사과꽃

사과를 얇게 슬라이스해서 만든 꽃은 평범해 보일 수 있는 디저트의 품격을 높혀 준다.
간단한 방법으로 고급 디저트를 만들어 보자.

YOU NEED

작은 사과 2개

HOW TO MAKE

1 채칼로 사과를 얇게 슬라이스 한다.
2 사과 슬라이스를 절반씩 겹쳐 줄 세운 후 반
  으로 자른다.
3 사과 슬라이스를 돌돌 말아 사과꽃 모양을 만
  든 후 머핀 틀에 고정시킨다.
4 식품 건조기에서 2시간 건조한다.

RAW FOOD

초콜릿 가나슈 프로스팅

온도에 따라 형태가 달라지는 로 초콜릿 프로스팅은 냉동실에 꼭 있어야할 아이템이다.
케이크 프로스팅 외에 쿠키, 디핑 소스에도 활용할 수 있다.

YOU NEED

아가베 시럽 1/2C
카카오 가루 3/4C
코코넛 오일 1/3C(melt)
천일염 1꼬집

HOW TO MAKE

중탕으로 코코넛 오일을 완전히 녹이고 카카오
가루, 아가베 시럽, 천일염을 잘 섞는다.

RAW FOOD

핑크 프로스팅

핑크색 프로스팅은 예쁜 색깔 때문에 케이크나 컵케이크용 프로스팅으로 적합하다.
냉동보관으로 적당한 텍스쳐를 만들자.

YOU NEED

캐슈넛 1/2C(soaked)
코코넛 밀크 1/3C(canned)
아가베 시럽 약간 • 비트 1/4개
바닐라 엑기스 1/2T
천일염 약간
코코넛 오일 1/4C(melt)
레시틴 가루 1/2T

HOW TO MAKE

1 고속 블렌더로 캐슈넛, 코코넛 밀크, 아가베
  시럽, 비트, 바닐라 엑기스, 천일염을 물을 조
  금씩 추가하며 부드럽게 간다.

2 코코넛 오일, 레시틴 가루를 추가하고 다시
  한 번 간다.

3 2시간 이상 냉장보관한다.

RAW FOOD

펌킨 진저 프로스팅

우리 몸을 따뜻하게 해주는 생강은 음식의 풍미를 돋울 뿐만 아니라
우리 몸이 영양소를 잘 흡수할 수 있도록 도와준다.
생강크림을 만들어 두면 다양하게 활용할 수 있다.

YOU NEED

캐슈넛 2C(soaked) • 코코넛 밀크(canned) 1과 3/4C
아가베 시럽 2T • 바닐라 빈 1개 • 펌킨 스파이스 2T
생강 가루 1t • 천일염 1/8t • 코코넛 오일 1C(melt) • 레시틴 2T

HOW TO MAKE

1 고속 블렌더로 캐슈넛, 코코넛 밀크캔, 아가베 시럽, 바닐라 빈, 펌킨
스파이스, 생강 가루, 천일염을 부드럽게 간다.

2 코코넛 오일을 추가하고 잘 혼합될 수 있도록 간다.

3 레시틴을 추가하여 다시 한 번 간다.

4 밀폐용기에 프로스팅을 닦아 2~4시간 냉장고에서 굳힌다.

RAW FOOD

켈프 페이스트

다시마를 증류하여 만든 천사채를 이용한 페이스트는
로푸드 디저트의 영양과 형태를 잡는데 큰 도움을 준다.

YOU NEED

천사채 1/2봉(not raw)
레몬 1/2개

HOW TO MAKE

1 천사채를 세척하고 큰 볼에 물을 담고 레몬
  즙을 첨가하여 최소 8시간 이상 불린다.

2 천사채를 다시 세척 후 고속 블렌더로 천사
  채에 물을 조금씩 첨가하며 부드러운 상태가
  될 때까지 간다.

RAW FOOD

반건시 반죽

설탕을 대신할 수 있는 반건시 반죽은 영양이 풍부하고 음식의 풍미를 돋구어 주는
매력적인 향신료다. 쿠키, 스무디, 스프레드 등 다양한 곳에 사용할 수 있다.

YOU NEED

반건시 1C(soaked)
천일염 약간
레몬 1/2개

HOW TO MAKE

고속 블렌더로 반건시, 천일염, 레몬즙을 물을
조금씩 추가하며 부드럽게 간다.

RAW FOOD

마리네이드 스트로베리 루바브

주로 줄기를 이용하는 루바브는 산골짜기 습지에서 자라고 맛과
식감 때문에 파이 재료로 사랑받는다.
딸기와의 조화를 끌어내보자.

YOU NEED

루바브 줄기 1C • 딸기 2C
발사믹 식초 1/4C(not raw) • 아가베 시럽 약간

HOW TO MAKE

1 루바브 줄기를 세척하고 굵은 줄기는 길게 다지고 지퍼백에 넣는다.

2 딸기를 깍둑썰기하고 지퍼백에 넣는다.

3 발사믹 식초와 아가베 시럽을 추가하고 지퍼백을 닫고 양념이 잘 스
며들 수 있도록 한다.

4 하루 동안 냉장보관하거나 식품 건조기에서 6시간 이상 보관한다.

RAW FOOD

에스프레소 버터크림 프로스팅

부드러운 버터크림은 케이크를 프로스팅 하는데 아주 좋다.
온도 조절로 적당한 농도를 맞춰 맛과 비주얼 모두 찾을 수 있는 크림을 만들 수 있다.

YOU NEED

캐슈넛 1C(soaked)
코코넛 밀크 1/2C(raw or canned)(204쪽)
아가베 시럽 1T
바닐라 엑기스 1t
에스프레소 가루 1T(not raw)
천일염 약간 • 레시틴 가루 1T
코코넛 오일 1/2C(melt)

HOW TO MAKE

1 고속 블렌더로 캐슈넛, 코코넛 밀크, 아가베
  시럽, 바닐라 엑기스, 에스프레소 가루, 천일
  염, 레시틴 가루를 곱게 간다.
2 코코넛 오일을 추가하고 다시 갈고 2〜4시간
  냉장보관한다.

RAW FOOD

벨벳 허니 프로스팅

벨벳처럼 부드럽고 달콤한 크림을 만들자.
과일이 들어간 크림은 더 큰 달콤함을 표현할 수 있다.

YOU NEED

캐슈넛 1/2C(soaked)
아가베 시럽 1T
바닐라 엑스트렉 1/2t
천일염 약간
배 1/2개 • 레시틴 1/2T
코코넛 오일 2T(melt)

HOW TO MAKE

1 고속 블렌더로 캐슈넛, 아가베 시럽, 바닐라 엑스트렉, 천일염, 배, 레시틴을 덩어리가 완전히 없어질 때까지 곱게 간다.

2 코코넛 오일을 추가하고 다시 한 번 곱게 갈아, 2시간 이상 냉장보관한다.

RAW FOOD

캐러멜 프로스팅

건강을 생각하는 사람이라면 캐러멜 소스에 조금 머뭇거릴 수도 있다.
하지만 로푸드 캐러멜 소스는 건강과 맛 걱정 없이 먹을 수 있다.

YOU NEED

아몬드 버터 1/2C(222쪽)
반건시 반죽 1/2C(231쪽)
아가베 시럽 약간
바닐라 엑기스 2t
천일염 약간

HOW TO MAKE

고속 블렌더로 아몬드 버터, 반건시 반죽, 아가베 시럽, 바닐라 엑기스, 천일염을 물을 조금씩 추가하며 부드럽게 간다.

RAW FOOD

로타히니

시중에서 구할 수 있는 참깨 소스는 대부분 볶은 참깨를 이용하여 만든 제품이다.
직접 만들면 질 좋고 향 좋은 생 참깨 소스의 맛을 볼 수 있다.

YOU NEED

생 참깨 1C
아마씨 오일 1/2C
천일염 약간

HOW TO MAKE

1 고속 블렌더로 생 참깨를 곱게 간다.

2 아마씨 오일을 추가하여 부드러운 버터의 질
감이 나올 수 있도록 고속 블렌더로 간다.

3 약간의 천일염을 첨가하여 간을 맞춘다.

RAW FOOD

청키 토마토 살사

살사 소스는 아주 흔한 소스다. 흔한 소스에 식감이 좋은 다진 토마토를
더하여 콘칩과 함께해 보자. 최고의 궁합이다.

YOU NEED

토마토 2C • 양파 1/2C
고수 1/4~1/2C • 라임 1/2개
코코넛 식초 1T
아가베 시럽 1t
청양고추 1/2개
마늘 2개 • 천일염 1/2t
큐민 가루 1/2t • 칠리 가루 1t

HOW TO MAKE

토마토, 양파, 고수, 청양고추, 마늘을 다지고,
라임즙, 코코넛 식초, 아가베 시럽, 천일염, 큐민
가루, 칠리 가루를 섞은 소스에 잘 버무린다.

TIP 하루 동안 냉장 숙성 하면 더 맛이 좋다.

RAW FOOD

치폴레 라임 소스

누구나 좋아하는 향신료 치폴레는 맛은 구수하면서 훈제향이 난다.
평범한 소스에 포인트로 치폴레를 더할 수 있다.

YOU NEED

라임 제스트 1t • 라임 1/2개
캐슈넛 1/2C(soaked)
큐민 가루 1/4t • 칠리 가루 1/4t
천일염 1/4t • 흑후추 1/4t
치폴레 가루 1/4t

HOW TO MAKE

고속 블렌더로 모든 재료에 물을 조금씩 첨가
하며 부드럽게 분쇄한다.

TIP 스리라차 소스를 2~3 방울 첨가하면 잘 어
울린다.(not raw, not vegan)

RAW FOOD

펌킨 퓨레

속살이 노란 호박으로 만든 달콤하고 멋진 펌킨 퓨레는
파티에 어울리는 다양한 로푸드에 사용된다.

YOU NEED

단호박 4C

HOW TO MAKE

1 단호박 씨를 제거하고 칼로 잘게 다진다.

2 고속 블렌더로 단호박에 물을 조금씩 첨가하
며 부드러운 퓨레를 만든다.

RAW FOOD

스트로베리 데이트 잼

아주 간단하게 직접 잼을 만들어 보자.
크래커, 브레드 또는 케이크, 브라우니와도 아주 어울린다.

YOU NEED

반건시 1C
딸기 1C

HOW TO MAKE

푸드 프로세서로 반건시, 딸기를 덩어리가 남
을 정도로 살짝살짝 갈아준다.

RAW FOOD

블루베리 민트 치아 잼

간단하고 빠르고 쉬운 방법으로 건강하고 완벽하게 맛있는 잼을 만들 수 있다.
계절에 따라 다른 과일잼으로 변신할 수 있다.

YOU NEED

물 1/4C • 치아씨 2T
블루베리 1C
아가베 시럽 1T
천일염 약간 • 민트 잎 1t

HOW TO MAKE

1 푸드 프로세서로 모든 재료를 살짝살짝 분쇄
  한다.
2 15분간 냉장보관한다.

RAW FOOD

화이트 프로스팅

재료의 특성을 잘 이용하고 조금만 더 신경 쓴다면 로푸드 케이크도
베이커리 쇼케이스에 진열되어 있는 케이크 못지않은 데코레이션이 가능하다.

YOU NEED

캐슈넛 1C(soaked)
코코넛 밀크 1C(canned)
아가베 시럽 약간
바닐라 엑스트렉 1T
천일염 약간
코코넛 오일 1/2C(melt)
레시틴 1T

HOW TO MAKE

1 고속 블렌더로 캐슈넛, 코코넛 밀크, 아가베 시
럽, 바닐라 엑스트렉, 천일염을 부드럽게 간다.

2 코코넛 오일을 추가하고 간다.

3 레시틴을 추가하고 다시 한 번 간다.

4 2~4시간 냉장보관한다.

썸머 체리 치아 잼

체리가 풍성해지는 여름이 오면 체리로 새콤달콤한 잼을 만들자.
단단하고 포동포동하고 색이 진한 체리로 만들면 깊은 맛을 낼 수 있다.

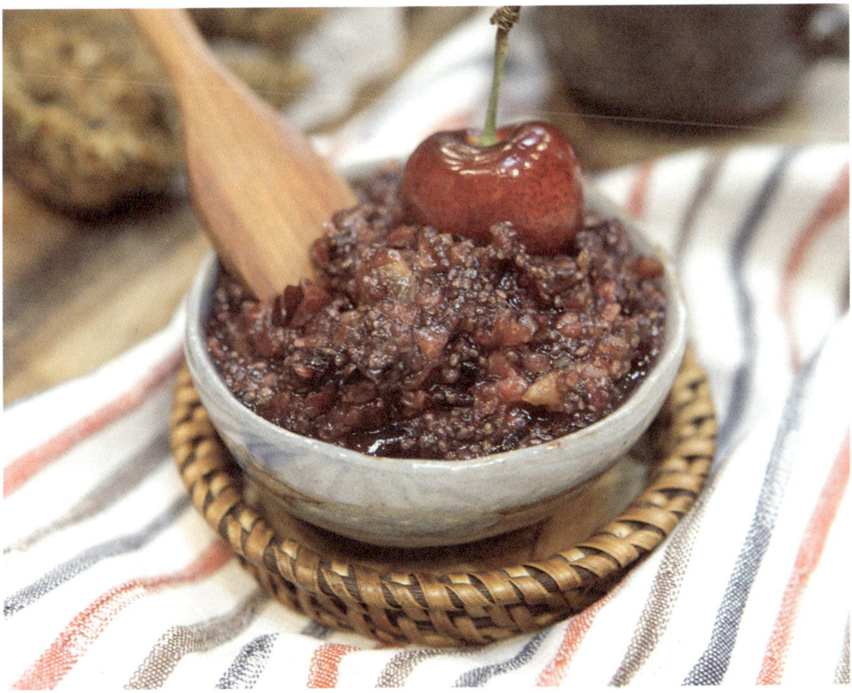

YOU NEED

체리 4C(pitted)
치아씨 1/4C(ground)
치아씨 1/4C(whole)
아가베 시럽 1T
바닐라 엑스트렉 1/2T
천일염 약간

HOW TO MAKE

1 푸드 프로세서로 모든 재료를 살짝살짝 분쇄
한다.

2 15분간 냉장보관한다.

RAW FOOD

캐러웨이 사우어 크라우트

사우어 크라우트는 독일식 발효 음식을 뜻한다.
양배추에 캐러웨이를 향신료로 더하여
몸에 좋고 맛도 좋은 발효 음식을 만들 수 있다.

YOU NEED

양배추 1/4개 • 천일염 약간
캐러웨이씨 1t • 말린 딜 1t

HOW TO MAKE

1 양배추를 칼이나 푸드 프로세서로 아주 잘게 다진다.

2 다진 양배추를 볼에 담고 천일염을 약간 뿌리고 5분 정도 양배추
 물이 흥건하게 나올 때까지 손으로 꾹꾹 눌러 절인다.

3 소독한 밀폐용기에 담고 뚜껑을 닫아 공기를 완전히 차단한다. 병
 에 내용물을 꽉 채우지 않고 1cm 높이 정도의 공간을 남겨둔다.

4 병을 천으로 덮고 서늘하고 어두운 곳에서 3~10일간 발효한다. 발
 효 중 표면에 흰 막이 생기면 걷어내고, 발효 후에는 냉장보관한다.

애플 시나몬 사우어 크라우트

사우어 크라우트에 프로바이오틱스를 추가하면
발효에 더 힘을 싣는다. 사과와 어울리는 시나몬을 더하여
달콤한 양배추 김치를 완성할 수 있다.

 **YOU NEED**

발효수
프로바이오틱스 1캡슐 • 코코넛 설탕 1/4t • 물 1/4C

크라우트
양배추 1/4개 • 사과 1/4개 • 천일염 약간

향신료
시나몬 가루 약간

 HOW TO MAKE

발효수
1 볼에 물, 프로바이오틱스캡슐, 코코넛 설탕을 넣고 잘 섞는다.

크라우트
2 양배추외 사과를 푸드 프로세서나 칼로 아주 잘게 다진다.

3 볼에 다진 양배추와 사과를 넣고 천일염을 약간 뿌리고 5분 전도 양배추와 사과에서
물이 나올 때까지 손으로 꾹꾹 눌러 절인다.

4 소독한 유리병에 크라우트를 넣는다.

5 발효수를 병에 채운다. 병은 내용물로 꽉 채우지는 않고 1cm 높이 정도의 공간을 남겨
둔다.

6 천으로 병을 덮고 서늘하고 어두운 곳에서 5~6일간 발효한다.

향신료
7 발효 후 시나몬 가루를 약간 뿌린다.

RAW FOOD

오버나잇 피클

하룻밤의 숙성이 필요한 피클을 오이로 만들 수 있다.
미국인의 건강을 위협하는 가장 해로운 음식 중 하나라는 피클도
로푸드로 만들면 입맛을 자극하는 건강식일 뿐이다.

YOU NEED

오이 1개 • 양파 1/4개 • 애플 사이다 식초 1/2C
물 1/4C • 아가베 시럽 1/4C • 현미 식초 1T • 겨자씨 1/2T(soaked)

HOW TO MAKE

1 오이와 양파를 3mm 두께로 썬다.

2 소독한 유리병에 오이와 양파를 담는다.

3 작은 볼에 애플 사이다 식초, 물, 아가베 시럽, 현미 식초, 겨자씨를
섞는다.

4 식초물을 병에 붓고 뚜껑을 닫아 24시간 이상 냉장고에서 숙성한다.

TIP 24시간 이후부터 먹을 수 있지만 시간이 지날수록 더 맛있는 피클
이 된다.

RAW FOOD

발사믹 무화과 피클

독특한 피클을 즐기고 싶다면 발사믹 식초로 피클을 만들 수 있다.
달콤짭짤한 피클이 오늘의 식사를 한층 더 업그레이드 시킬 것이다.

YOU NEED

건무화과 1C
발사믹 식초 1과 1/2C(not raw)
로즈마리 2줄기
천일염 약간 • 후추 약간

HOW TO MAKE

1 소독한 유리병에 건무화과, 발사믹 식초, 로
즈마리, 천일염, 후추를 넣고 뚜껑을 닫는다.
2 실온에서 하루이상 보관한다.